JN026017

口絵 1　プルシアンブルー の面心立方格子
図 6.9 参照.

(a)

(b)

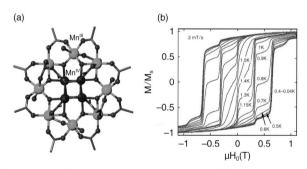

口絵 2　$[Mn_8^{III}Mn_4^{IV}O_{12}(CH_3COO)_{16}(H_2O)_4]$ の分子構造と磁気ヒステリシス
図 6.13 参照.

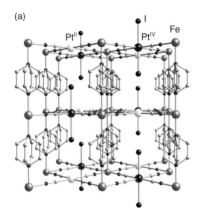

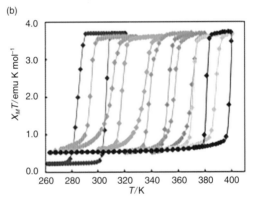

口絵 3　多孔性配位高分子錯体 [Fe^{II}(pz)$_2$Pt$^{II/IV}$(CN)$_4$(I$_n$)] の（a）構造と（b）ヨウ
　　　化物イオン吸着によるスピン転移挙動の変化．左から $n = 0, 0.1, 0.3$,
　　　0.5, 0.7, 1.0.
　　　図 6.21 参照.

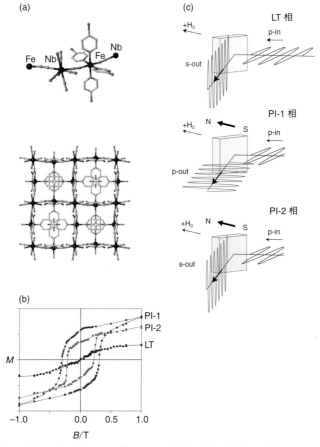

口絵 4　(a) [Fe^{II}(py-Br)$_2$]$_2$[Nb^{IV}(CN)$_8$] の構造，(b) 照射前 (LT 相)，473 nm の
　　　　光照射後 (PI-1 相: LIESST)，さらに 785 nm の光照射後 (PI-2 相: 逆
　　　　LIESST) の磁化曲線，(c) 磁場下での LT 相，PI-1 相，PI-2 相におけ
　　　　る SHG 光の偏光面．太い矢印は結晶の磁化容易軸．
　　　　図 6.22 参照．

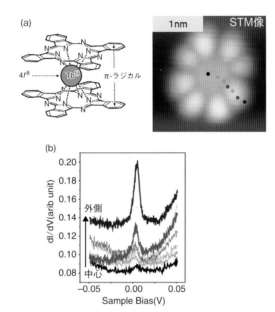

口絵 5　TbPc$_2$ の構造と STM イメージ，（b）Pc 分子表面の STS．Pc の外側
　　　　ほど大きな近藤共鳴ピークを観測．
　　　　図 6.38 参照．

化学の要点
シリーズ
38

分子磁性

日本化学会 ［編］

大塩寛紀 ［著］

共立出版

『化学の要点シリーズ』
発刊に際して

　現在，我が国の大学教育は大きな節目を迎えている．近年の少子化傾向，大学進学率の上昇と連動して，各大学で学生の学力スペクトルが以前に比較して，大きく拡大していることが実感されている．これまでの「化学を専門とする学部学生」を対象にした大学教育の実態も大きく変貌しつつある．自主的な勉学を前提とし「背中を見せる」教育のみに依拠する時代は終焉しつつある．一方で，インターネット等の情報検索手段の普及により，比較的安易に学修すべき内容の一部を入手することが可能でありながらも，その実態は断片的，表層的な理解にとどまってしまい，本人の資質を十分に開花させるきっかけにはなりにくい事例が多くみられる．このような状況で，「適切な教科書」，適切な内容と適切な分量の「読み通せる教科書」が実は渇望されている．学修の志を立て，学問体系のひとつひとつを反芻しながら咀嚼し学術の基礎体力を形成する過程で，教科書の果たす役割はきわめて大きい．

　例えば，それまでは部分的に理解が困難であった概念なども適切な教科書に出会うことによって，目から鱗が落ちるがごとく，急速に全体像を把握することが可能になることが多い．化学教科の中にあるそのような，多くの「要点」を発見，理解することを目的とするのが，本シリーズである．大学教育の現状を踏まえて，「化学を将来専門とする学部学生」を対象に学部教育と大学院教育の連結を踏まえ，徹底的な基礎概念の修得を目指した新しい『化学の要点シリーズ』を刊行する．なお，ここで言う「要点」とは，化学の中で最も重要な概念を指すというよりも，上述のような学修する際の「要点」を意味している．

本シリーズの特徴を下記に示す.

1) 科目ごとに,修得のポイントとなる重要な項目・概念などをわかりやすく記述する.

2) 「要点」を網羅するのではなく,理解に焦点を当てた記述をする.

3) 「内容は高く」,「表現はできるだけやさしく」をモットーとする.

4) 高校で必ずしも数式の取り扱いが得意ではなかった学生にも,基本概念の修得が可能となるよう,数式をできるだけ使用せずに解説する.

5) 理解を補う「専門用語,具体例,関連する最先端の研究事例」などをコラムで解説し,第一線の研究者群が執筆にあたる.

6) 視覚的に理解しやすい図,イラストなどをなるべく多く挿入する.

本シリーズが,読者にとって有意義な教科書となることを期待している.

『化学の要点シリーズ』編集委員会
井上晴夫（委員長）
池田富樹　伊藤　攻　岩澤康裕　上村大輔
佐々木政子　高木克彦　西原　寛

はじめに

　人類と磁石とのかかわりは紀元前に遡る．紀元前600年頃にエーゲ海沿岸のマグネシアで鉄を引きつける石ロードストーン（マグネタイト）が発見され，地名からマグネット（magnet）と呼ぶようになったといわれる．紀元前100年頃には中国において地相占いの道具として磁針が使われるようになり，3世紀頃には魚の形をした木片に磁針を埋め込んだ原始的な羅針盤（指南魚）が考案されている．これが11世紀頃西洋に渡り羅針盤として用いられるようになる．我々のまわりには大小様々な磁石があり最も大きな磁石は地球である．この地球が磁石であることに気づいたのは1600年W. Gilbertによる．19世紀末にはL. G. Gouyが考案した磁気天秤により物質の磁性が測定できるようになったが，磁性の本質を議論するには量子力学が成立する20世紀初頭まで待たねばならない．不確定性原理で知られるW. K. Heisenbergは1928年に発表した強磁性体の理論において強磁性の本質が交換相互作用にあることを指摘し，1929年に発表されたH. Betheの結晶場理論や1932年のJ. van Vleckの磁性理論により金属錯体の磁性について議論されるようになった．時を同じくして1931年にはL. Cambiらによりスピン平衡鉄（III）錯体が発見され，磁気的性質は錯体化学の重要な研究対象になり今日に至っている．分子磁性の研究は1970年代の磁性理論を基盤とする分子内磁気的相互作用の制御に始まり，1980年代には光によるスピン状態変換，分子強磁性体の合成，1990年代の有機強磁性体と光誘起強磁性体の合成，単分子磁石をはじめとする量子磁石の発見を経て，21世紀にはスピントロニクスにおける単分子デバイスとして注目を集めるようになった．

　科学の常識は時として新物質により覆されることがある．また，物事の深い理解により養われた深い洞察力と直感が新たな発見をもたらす．本書は分子磁性の入門的解説書であるが，この研究分野に興味をもつ読者諸氏の理解の一助になり，これをきっかけとして分子磁性にさらに興味をもっていただければ幸いである．

2021 年 2 月

大塩　寛紀

目　　次

第1章　自由イオンの電子状態 …………………………… 1

1.1　常磁性と反磁性 ……………………………………… 1
1.2　自由イオン ……………………………………………… 2
1.3　電子の並進運動と回転運動 ………………………… 4
1.4　軌道角運動量とスピン角運動量 …………………… 5
1.5　LS 結合と jj 結合 ……………………………………… 6
1.6　スピン軌道結合 ……………………………………… 9

第2章　物質と磁場との相互作用………………………… 13

2.1　磁気モーメント ……………………………………… 13
2.2　自由イオンの磁化率 ………………………………… 16
　2.2.1　多重項分裂が kT より大きい（$\Delta E_J \gg kT$）場合 … 17
　2.2.2　多重項分裂が kT より小さい（$\Delta E_J \ll kT$）場合 … 19
　2.2.3　多重項分裂と kT が同程度（$\Delta E_J \approx kT$）の場合 … 20
2.3　有効磁気モーメント ………………………………… 20
2.4　磁化 …………………………………………………… 21
2.5　van Vleck の式 ……………………………………… 23

第3章　遷移金属イオンの電子状態と磁性 ……………… 27

3.1　原子軌道 ……………………………………………… 27
3.2　結晶場理論 …………………………………………… 30
　3.2.1　結晶場分裂 ……………………………………… 31

3.2.2　群論 ……………………………………………… 34

3.2.3　結晶場安定化エネルギーと正八面体場での電子状態 39

3.2.4　金属錯体の電子状態 …………………………… 40

3.2.5　弱い結晶場の場合 ……………………………… 41

3.2.6　強い結晶場の場合 ……………………………… 42

3.2.7　軌道角運動量消失 ……………………………… 43

3.2.8　A 項および E 項の磁性 …………………………… 43

3.2.9　T 項の磁性 ……………………………………… 44

3.2.10　ヤーン・テラー効果：分子の歪みによる電子状態の安
定化…………………………………………………… 45

第 4 章　磁気的相互作用 ………………………………… 49

4.1　分子内の磁気的相互作用 ………………………… 49

4.1.1　等核二核錯体の磁性 …………………………… 49

4.1.2　異核二核錯体の磁性 …………………………… 52

4.2　一次元化合物の磁性 ……………………………… 53

4.2.1　$S = 1/2$ の一次元化合物 ………………………… 53

4.2.2　$S = 1$ より大きなスピンをもつ一次元化合物 ……… 54

4.2.3　異なるスピンが反強磁性的に並んだ一次元化合物 … 55

4.3　Heitler-London のモデル…………………………… 56

4.4　ゼロ磁場分裂 ……………………………………… 59

4.5　分子間の弱い磁気的相互作用 …………………… 64

4.6　磁気異方性 ………………………………………… 65

4.6.1　磁気双極子相互作用 …………………………… 66

4.6.2　異方的交換相互作用 …………………………… 66

4.6.3　反対称相互作用（DM 相互作用）……………… 67

4.7　磁気的相互作用の発現機構 ……………………………… 68
　4.7.1　配置間相互作用 ………………………………………… 68
　4.7.2　超交換相互作用 ………………………………………… 73
4.8　混合原子価錯体の磁性 …………………………………… 76
　4.8.1　混合原子価状態の分類 ………………………………… 76
　4.8.2　クラス III 混合原子価状態における二重交換相互作用　77

第5章　物理測定 …………………………………………………… 81

5.1　磁化率 ……………………………………………………… 81
　5.1.1　直流磁化率 ……………………………………………… 81
　5.1.2　交流磁化率 ……………………………………………… 82
5.2　電子スピン共鳴法 ………………………………………… 84
　5.2.1　パルス EPR 法 ………………………………………… 88
　5.2.2　時間分解 ESR 法 ……………………………………… 90
5.3　メスバウアー分光法 ……………………………………… 92
　5.3.1　メスバウアーパラメータ ……………………………… 94

第6章　分子磁性 …………………………………………………… 99

6.1　分子強磁性体 ……………………………………………… 101
　6.1.1　一次元鎖が強磁性的に結合した分子強磁性体 ……… 104
　6.1.2　二次元分子強磁性体 …………………………………… 107
　6.1.3　三次元分子強磁性体 …………………………………… 108
　6.1.4　有機強磁性体 …………………………………………… 109
6.2　量子磁石 …………………………………………………… 110
　6.2.1　単分子磁石 ……………………………………………… 111
　6.2.2　単一イオン磁石 ………………………………………… 115

　　6.2.3　単一次元鎖磁石 ……………………………… 116

　6.3　双安定性………………………………………………… 119

　6.4　スピンクロスオーバー錯体 ………………………… 124

　　6.4.1　熱と光によるスピン転移 ………………… 126

　　6.4.2　SCO 錯体の電気的性質 …………………… 127

　　6.4.3　三次元構造をもつ SCO 錯体と機能融合 ……… 129

　　6.4.4　多重双安定性 SCO 錯体…………………… 133

　　6.4.5　逆スピンクロスオーバー ………………… 134

　6.5　電子移動を伴うスピン状態変換 ………………… 135

　　6.5.1　電子移動を伴う強磁性転移 ……………… 136

　　6.5.2　原子価互変異性金属錯体 ………………… 137

　6.6　シアン化物イオン架橋混合原子価錯体における電子移動を
　　　　伴う磁性変換 ……………………………………… 138

　　6.6.1　光誘起量子磁石 …………………………… 142

　　6.6.2　電子移動による磁性と電気的性質の結合 ………… 144

　6.7　分子スピントロニクス ……………………………… 145

　　6.7.1　スピントロニクスの始まり ……………… 145

　　6.7.2　分子スピントロニクスの夜明け ………… 146

　　6.7.3　SCO 錯体を用いた分子スピントロニクス ……… 150

　　6.7.4　フタロシアニン錯体を用いた分子スピントロニクス　153

　6.8　有機化合物の磁性 ……………………………………… 156

　　6.8.1　安定有機ラジカル ………………………… 156

　　6.8.2　基底高スピン有機ラジカル ……………… 158

　　6.8.3　有機ラジカル分子間の磁気的相互作用 ………… 160

　　6.8.4　光励起スピン多重項 ……………………… 161

今後の展望 ……………………………………………………… 169

索　　引 ……………………………………………………… 171

付　　録　物理定数と単位換算……………………………… 176

第1章

自由イオンの電子状態

1.1 常磁性と反磁性

物質が磁場中に置かれると磁気誘導により物質中の磁束密度が変化する. 物質中の磁束密度 B は外部磁場の大きさ H と物質自身の磁化の強さである単位体積当たりの磁気モーメント I の和で与えられる.

$$B = H + 4\pi I$$

磁束密度と磁場の強さの比である透磁率 P は

$$P = 1 + \frac{4\pi I}{H} = 1 + 4\pi\kappa$$

で表せる. ここで, κ は無次元の量で単位体積あたりの磁化率である. 磁化率は単位体積より単位質量やモル当たりで表すほうが便利であるためモル磁化率を使う.

$$\chi = \frac{\kappa}{\rho}$$

$$\chi_M = \chi \times \mathrm{M}$$

ここで, χ は質量磁化率, ρ は物質の密度, M は分子量である. 磁化率が $\chi > 0$ である常磁性物質では, 磁場の中におかれると磁場と

同じ方向に磁気モーメントが揃い，$\chi < 0$ である反磁性物質は磁場
と反対方向に小さな磁気モーメントを生じる．反磁性は不対電子を
もたない物質にみられ，不対電子をもつと常磁性を示す．常磁性物
質が磁場中に置かれると物質内の磁束密度は増加するのに対し，反
磁性物質の磁束密度は減少する．すなわち，常磁性物質は外部磁場
と同じ方向の誘起磁場を，反磁性物質は逆向きの誘起磁場を生じる
ことになる．1895 年，Pierre Curie は常磁性化合物の磁化率が温
度の逆数に比例するキュリー則を発見した．

$$\chi = \frac{C}{T}$$

T は絶対温度，比例定数 C はキュリー定数である．また，常磁性分
子間に磁気的相互作用があると磁化率はキュリー・ワイス式（1907
年，Pierre Wiess）に従う．

$$\chi = \frac{C}{T - \theta}$$

ここで θ はキュリー・ワイス（Currie-Weiss）定数で分子間の磁気
的相互作用の大きさを示す．$\theta < 0$ の場合は隣り合うスピンは反平
行（↑↓）の状態が，$\theta > 0$ では平行（↑↑）な状態が安定であること
を示し，前者を磁気的相互作用が反強磁性的，後者を強磁性的であ
るという．

1.2　自由イオン

　物質の磁性を理解するには原子あるいはイオンの電子状態につい
ての知識が必要である．そこで，本章では自由イオンの電子状態に
ついて説明する．電子は回転しながら原子核を中心とした原子軌道を

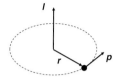

図 1.1　角運動量の定義

周回しているとする．電子は電荷をもつので，電子の自転と公転によりスピン角運動量モーメントと軌道角運動量モーメントをもつ．すなわち磁性の起源は電子の自転と公転にあり，軌道角運動量とスピン角運動量の両方の寄与がある．粒子が回転運動しているときの角運動量 l は粒子の位置ベクトル r と運動量ベクトル p の外積 $l = r \times p$ であるから，l は円軌道に垂直なベクトルになる（図 1.1）．

1 つの原子軌道には 2 つの電子が入り，その 2 つの電子は対になり磁気モーメントは打ち消される．対を作らない不対電子は磁気モーメント（スピン）をもつ．

電子の状態は 4 つの量子数，主量子数 n，方位量子数 l，磁気量子数 m，スピン量子数 s で記述され，主量子数 n の電子エネルギーは

$$E_n = -\frac{me^2}{8h^2\varepsilon_0^2 n^2} \tag{1.1}$$

である．m は電子の質量，e は素電荷，ε_0 は真空の誘電率，h はプランクの定数，n は整数の値（$n \geq 1$）．$n = 1$ では K 殻，$n = 2$ では L 殻，$n = 3$ では M 殻を形成し，方位量子数 l と角運動量の z 軸成分である磁気量子数 m は次の値をもつ．

$$l = 0, 1, 2, \ldots, n-1 \tag{1.2}$$

$$m_l = 0, \ldots, \pm(l-1), \pm l \tag{1.3}$$

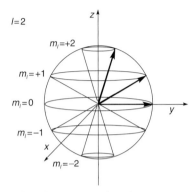

図 1.2 角運動量ベクトル（*l* = 2）のベクトルモデル

角運動ベクトル（**l**）は主軸を中心に回転（歳差運動）し，m_l によって角運動量ベクトルの方向は異なる（図 1.2）．一方，スピン角運動量ベクトル（**s**）は量子数 $s = 1/2$ しかとることができず，m_s は $1/2$ あるいは $-1/2$ の値をとる．

1.3　電子の並進運動と回転運動

　ある質点が並進運動するときの運動方程式は以下のように表せる．

$$\boldsymbol{F} = m\boldsymbol{a} = m\frac{d^2\boldsymbol{r}}{dt^2} = \frac{d\boldsymbol{p}}{dt} \tag{1.4}$$

ここで，質点の質量を m，加速度を $\boldsymbol{a}$，位置ベクトルを $\boldsymbol{r}$，時間を t，力は $\boldsymbol{F}$ であり，運動量は $\boldsymbol{p} = m\frac{d\boldsymbol{r}}{dt}$ である．$\boldsymbol{F}$，$\boldsymbol{a}$，$\boldsymbol{p}$ はベクトル量である．前述のように質点がある点を中心に回転運動していると，その角運動量ベクトル $\boldsymbol{l}$ は位置ベクトルと運動量ベクトルの外積で定義される．

$$l = r \times p \tag{1.5}$$

すなわち，質点がある平面を回転運動していると，角運動量ベクトルは回転面に垂直な方向をもつ．また，単位時間あたりの角度の変化量（スカラー量）である角速度 $\omega \ (= v/r)$ を用いると，角速度ベクトル $\boldsymbol{\omega}$ は位置方向と速度方向の単位ベクトル（$\hat{r}$ と $\hat{v}$）の外積で表すことができ，

$$\boldsymbol{\omega} = \omega(\hat{r} \times \hat{v}) \tag{1.6}$$

角運動量ベクトルは次式のように変形することができる．

$$l = r \times p = mr \times v = mr^2\boldsymbol{\omega} \tag{1.7}$$

ここで，r は原点からの距離であり，上式の比例定数は慣性モーメント（I）である．

1.4　軌道角運動量とスピン角運動量

　角運動量ベクトル（$mr^2\boldsymbol{\omega}$）は量子化され，軌道角運動量量子数 l の軌道にある電子は軌道角運動量

$$|l| = \frac{h}{2\pi}\sqrt{l(l+1)} = \hbar\sqrt{l(l+1)} \tag{1.8}$$

をもつ．一方，あたかもコマのように回転している電子もスピン角運動量をもつ．ただし，一電子のスピン角運動量量子数は $s = 1/2$ で，スピン角運動量は $|s| = \hbar\sqrt{s(s+1)}$ である．多電子系の全軌道角運動量と全スピン角運動量ベクトルは個々のベクトル和で表し，合成ベクトルの量子数（L, S）は以下の値をもつ．

$$L = (l_1 + l_2), (l_1 + l_2 - 1), \ldots\ldots, (|l_1 - l_2|) \tag{1.9}$$

$$S = (s_1 + s_2), (s_1 + s_2 - 1), \ldots\ldots, (|s_1 - s_2)| \tag{1.10}$$

電子が2個以上あると，軌道角運動量ベクトル（l）およびスピン角運動量ベクトル（s）はスピン結合（$s_i s_k$），軌道結合（$l_i l_k$），スピン軌道結合（$s_i l_i$）する.

1.5 LS 結合と jj 結合

原子またはイオンの電子エネルギーは合成角運動量の大きさに依存する．電子軌道間とスピン軌道間に強い結合がある場合（$s_i s_k > l_i l_k > s_i l_i$），個々の角運動量は量子数 L と S の1つの角運動量に合成され，全角運動量量子数（J）ができる．このような結合を LS 結合（Russell-Saunders 結合）とよぶ．一方，スピン軌道結合が大きい（$s_i l_i > s_i s_k > l_i l_k$）場合には LS 結合のような記述は有効でなくなり，それぞれの電子のスピン角運動量と軌道角運動量が結合した合成ベクトル（$j = l + s$）を用いる jj 結合を使う.

LS 結合 それぞれの電子の軌道角運動量ベクトル（l）とスピン角運動量ベクトル（s）は次のように結合し，

$$L = \sum_i l_i$$

$$S = \sum_i s_i$$

その全角運動量は

$$|L| = \hbar\sqrt{L(L+1)} \tag{1.11}$$

$$|S| = \hbar\sqrt{S(S+1)} \tag{1.12}$$

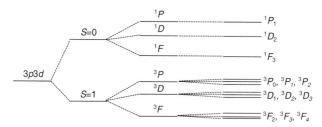

スピンスピン相互作用　　軌道軌道相互作用　　スピン軌道相互作用

図 1.3　3*p*3*d* の電子配置から生じる多重項

で表せる. ここで, 2 つの合成ベクトル **L** と **S** は結合し全角運動量ベクトル **J** になる.

$$|\boldsymbol{J}| = \hbar\sqrt{J(J+1)} \tag{1.13}$$

量子数 J は $J = (L+S),\ (L+S-1),\ldots\ldots,\ (|L-S|)$ の値をとり, 一電子系の m_l, m_s と同様に, 以下の副量子数 M_L, M_S そして M_J の値をとる.

$$M_L = L, (L-1), \ldots\ldots -(L-1), -L$$
$$M_S = S, (S-1), \ldots\ldots -(S-1), -S$$
$$M_J = J, (J-1), \ldots\ldots -(J-1), -J$$

量子数 L, S, J, m_L, m_S, m_J をもつ *LS* 項は記号 $^{2S+1}L_J$ で表される. ここで $L = 0, 1, 2, 3, 4, 5$ の項には記号 S, P, D, F, G, H, I を使う. 例として, *LS* 結合で電子配置 3*p*3*d* から生じる多重項を図 1.3 に, d^n 電子配置から生じる電子項を表 1.1 に示す.

　jj 結合　　第二, 第三遷移金属イオンなどの重い金属イオンではス

表 1.1　d^n 配置から生じる項

電子配置	項
d^1, d^9	^2D
d^2, d^8	^3F, ^3P, ^1G, ^1D, ^1S
d^3, d^7	^4F, ^4P, ^2H, ^2G, ^2F, 2^2D, ^2P
d^4, d^6	^5D, ^3H, ^3G, 2^3F, ^3D, ^3P, ^2I, ^1I, 2^1G, ^1F, 2^1D, 2^2S
d^5	^6S, ^4G, ^4F, ^4D, ^4P, ^2I, ^2H, 2^2G, 2^2F, 3^2D, ^2P, ^2S

エネルギーが最小の項を最初に記し，項の前の数字は現れる数を表す．

ピン軌道結合が大きいため（$s_i l_i > s_i s_k > l_i l_k$），それぞれの電子の軌道角運動量ベクトルとスピン角運動量ベクトルが結合する LS 結合による記述は有効でなくなる．このような場合には jj 結合を使う．まず個々の電子の s_i と l_i が結合した全角運動量ベクトル j_i を用い，j_i が結合した全角運動量ベクトル J で記述する．

$$j_i = l_i + s_i \tag{1.14}$$

$$J = \sum_i j_i \tag{1.15}$$

メモ

電子項のエネルギー（フント則）

第一法則：　最も大きなスピン多重度（$2S + 1$）をもつ項が最低エネルギーである．

第二法則：　同じスピン多重度をもつ項では，最も大きな軌道角運動量（L）をもつ項が最低エネルギーである．

第三法則：　最外殻電子が半分以下しか満たされていない場合は，最も低い全角運動量量子数（$J = L + S$）がエネルギーは低く，半分以上満たす場合は J が大きい項ほどエネルギーは低い．

1.6 スピン軌道結合

スピン角運動量は軌道角運動量と結合し，これをスピン軌道結合とよぶ．一電子スピン軌道結合演算子を $H = \zeta \boldsymbol{l} \cdot \boldsymbol{s}$（$\zeta$ は比例定数）とすると，

$$H = \zeta \boldsymbol{l} \cdot \boldsymbol{s} = \frac{\zeta}{2}(\boldsymbol{j^2} - \boldsymbol{l^2} - \boldsymbol{s^2}) \tag{1.16}$$

$$\boldsymbol{j} = \boldsymbol{s} + \boldsymbol{l}$$

エネルギーは

$$E(n, l, s, j) = \frac{\zeta}{2}(j(j+1) - l(l+1) - s(s+1)) \tag{1.17}$$

で表せる．多電子系の LS 多重項では $H_{LS} = \lambda \boldsymbol{L} \cdot \boldsymbol{S}$，$\boldsymbol{J} = \boldsymbol{L} + \boldsymbol{S}$ であるから，そのエネルギーは

$$E(L, S, J) = \frac{\lambda}{2}(J(J+1) - L(L+1) - S(S+1)) \tag{1.18}$$

になる．ここで λ はスピン軌道結合定数であり，一電子スピン軌道結合定数（ζ）と次の関係にある．

$$\lambda = \pm\frac{\zeta_l}{2S} \tag{1.19}$$

なお，式中の符号は殻が半充填以下のときは $+$，以上では $-$ である．電子項のエネルギー準位は $\lambda > 0$ では $J = |L - S|$ が，$\lambda < 0$ では $J = L + S$ が最低順位となる．ここで J と $J + 1$ のエネルギー差は定数 $\lambda(J+1)$ になり，これを Landé の間隔則という．例として d^1 と d^2 の電子配置の基底項 ^2D と ^3F のスピン軌道相互作用による分裂の様子を図 1.4 に示す．

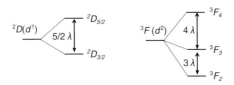

図 1.4　スピン軌道相互作用による基底項の分裂の様子
　　　　一電子と二電子では定数が異なる．なお，d^9 と d^8 の電子配置から出てくる多重項は，d^1 と d^2 の各項のエネルギーの順番が逆になる．

メモ

　　多電子系での軌道角運動量およびスピン角運動量の固有値を以下に示す．

$$\boldsymbol{L}_z \, |L, M_L, S, M_S\rangle = M_L \hbar \, |L, M_L, S, M_S\rangle$$

$$\boldsymbol{L}^2 \, |L, M_L, S, M_S\rangle = L(L+1)\hbar^2 \, |L, M_L, S, M_S\rangle$$

$$\boldsymbol{S}_z \, |L, M_L, S, M_S\rangle = M_S \hbar \, |L, M_L, S, M_S\rangle$$

$$\boldsymbol{S}^2 \, |L, M_L, S, M_S\rangle = S(S+1)\hbar^2 \, |L, M_L, S, M_S\rangle$$

　また，スピン軌道結合（$\lambda \boldsymbol{L} \cdot \boldsymbol{S}$）は

$$\langle L, M_L, S, M_S | \lambda \boldsymbol{L}\cdot\boldsymbol{S} | L, M_L, S, M_S \rangle$$

$$\lambda \boldsymbol{L}\cdot\boldsymbol{S} = \lambda(\boldsymbol{L}_x \cdot \boldsymbol{S}_x + \boldsymbol{L}_y \cdot \boldsymbol{S}_y + \boldsymbol{L}_z \cdot \boldsymbol{S}_z)$$

であり，次式で定義される昇降演算子が必要になる．

$$\boldsymbol{L}_x = \frac{1}{2}(\boldsymbol{L}_+ + \boldsymbol{L}_-) \qquad \boldsymbol{L}_y = \frac{i}{2}(\boldsymbol{L}_+ - \boldsymbol{L}_-)$$

$$\boldsymbol{S}_x = \frac{1}{2}(\boldsymbol{S}_+ + \boldsymbol{S}_-) \qquad \boldsymbol{S}_y = \frac{i}{2}(\boldsymbol{S}_+ - \boldsymbol{S}_-)$$

以下に示すように $\boldsymbol{L}_+, \boldsymbol{L}_-, \boldsymbol{S}_+, \boldsymbol{S}_-$ は副準位の量子数を ± 1 変える演算子である．重要なことはスピン軌道相互作用により副準位の量子数が異なる基底状態と励起状態が混じることができることである．

$$\boldsymbol{L}_\pm \, |L, M_L, S, M_S\rangle$$

$$= (L(L+1) - M_L(M_L \pm 1))^{1/2} \, |L, M_L \pm 1, S, M_S\rangle$$

$$\boldsymbol{S}_\pm \, |L, M_L, S, M_S\rangle$$

$$= (S(S+1) - M_S(M_S \pm 1))^{1/2} \, |L, M_L, S, M_S \pm 1\rangle$$

第2章

物質と磁場との相互作用

2.1 磁気モーメント

磁場中（H）におかれた物質は磁気的に分極し磁気分極（P）を生じる．磁気分極の大きさは外部磁場に比例する．

$$P = \chi \mu_o H \tag{2.1}$$

比例係数 χ は磁化率，μ_0 は真空の透磁率，P と $\mu_0 H$ は磁束密度（$B = \mu_0 H$）の次元をもつ．χ が負の場合は物質中の磁束密度は減少し，正では磁束密度は増加する．前者を反磁性，後者を常磁性とよぶ．物質を不均一な磁場に置くと，反磁性物質は磁束密度が低いほうに，常磁性物質は磁束密度が高いほうに動こうとする．電子が核を中心に角速度（ω）で円運動（公転）していると仮定すると，角運動量は電子の速度 v，質量 m を用いた次式で与えられる．

$$\hbar \boldsymbol{l} = \mathrm{m} \boldsymbol{r} \times \boldsymbol{v} \tag{2.2}$$

電子は電荷（$-e$）をもつので電流（$i = -\frac{ev}{2\pi r}$）が流れていることになり，この電流により回転面に垂直な磁場が生じる．電子の回転運動がつくる磁気モーメント μ_l は，電流と軌道面積（πr^2）の積であるから，

$$\mu_l = -\frac{ev}{2\pi r}\pi r^2 = -\frac{erv}{2} = -\frac{e\hbar}{2m}\boldsymbol{l} \tag{2.3}$$

である．$\mu_B = \frac{e\hbar}{2m}$（$\mu_B$:ボーア磁子，Bohr magneton：B.M.）とすると，軌道磁気モーメントは次式のようになる．

$$\mu_l = \mu_B\boldsymbol{l} = \mu_B\sqrt{l(l+1)} \tag{2.4}$$

スピン磁気モーメントは，

$$\mu_s = g\mu_B\boldsymbol{s} = g\mu_B\sqrt{s(s+1)} \tag{2.5}$$

であり，自由電子の g 因子は Dirac 相対論的電子論より $g = 2.0023$ である．

　原子の磁気モーメントはスピン磁気モーメントと軌道磁気モーメントの和である．

$$\mu = \mu_s + \mu_l = \mu_B(2\boldsymbol{s} + \boldsymbol{l}) \tag{2.6}$$

また，多電子系では角運動量が結合し磁気モーメントは次式になる．

$$\mu = \mu_S + \mu_L = \mu_B(2\boldsymbol{S} + \boldsymbol{L}) = g_J\mu_B\boldsymbol{J} \tag{2.7}$$

ここで，g_J は以下の Landé の g 因子である．

$$g_J = \frac{3}{2} + \frac{S(S+1) - L(L+1)}{2J(J+1)} \tag{2.8}$$

> **メモ**
>
> $$J = L + S$$
>
> $$\frac{\mu}{\mu_B} = g_J J = (2S + L) = J + S$$
>
> $$g_J = 1 + \frac{S}{J} = 1 + \frac{S \cdot J}{J \cdot J}$$
>
> ここで $(J + S)^2 = J^2 + S^2 + 2S \cdot J$ だから
>
> $$2S \cdot J = J^2 + S^2 - (J + S)^2 = J^2 + S^2 - L^2$$
>
> $$g_J = 1 + \frac{1}{2} \times \frac{J(J+1) + S(S+1) - L(L+1)}{J(J+1)}$$
>
> $$= \frac{3}{2} + \frac{S(S+1) - L(L+1)}{2J(J+1)}$$

　第一遷移金属イオンと希土類金属イオンの磁気モーメントの計算値と実験値を表 2.1 と表 2.2 に示す．第一遷移金属錯体についてはスピンオンリーの式 $(2\sqrt{S(S+1)})$ と実験値はよく一致する．これ

表 2.1　第一遷移金属イオンの磁気モーメントの計算値と実験値（B.M.）

電子配置	正八面体結晶場での基底項と電子配置	$g_J\sqrt{J(J+1)}$	$2\sqrt{S(S+1)}$	実験値
$3d^1$	$^2T_{2\mathrm{g}}\ (t_{2g}{}^1)$	1.55	1.73	1.8
$3d^2$	$^3T_{1\mathrm{g}}\ (t_{2g}{}^2)$	1.63	2.83	2.8
$3d^3$	$^4A_{2\mathrm{g}}\ (t_{2g}{}^3)$	0.77	3.87	3.9
$3d^4$	$^5E_{\mathrm{g}}\ (t_{2g}{}^3 e_g{}^1)$	0	4.90	5.0
$3d^5$	$^6A_{1\mathrm{g}}\ (t_{2g}{}^3 e_g{}^2)$	5.92	5.92	5.9
$3d^6$	$^5T_{2\mathrm{g}}\ (t_{2g}{}^4 e_g{}^2)$	6.70	4.90	5.4
$3d^7$	$^4T_{1\mathrm{g}}\ (t_{2g}{}^5 e_g{}^2)$	6.54	3.87	4.8
$3d^8$	$^3A_{2\mathrm{g}}\ (t_{2g}{}^6 e_g{}^2)$	5.59	2.83	3.2
$3d^9$	$^2E_{\mathrm{g}}\ (t_{2g}{}^7 e_g{}^2)$	3.55	1.73	19

表 2.2 希土類金属イオンの磁気モーメントの計算値と実験値（B.M.）

電子配置	基底状態	$g_J\sqrt{J(J+1)}$	実験値
f^0	^1S	0.00	0.0
f^1	$^2F_{5/2}$	2.54	2.5
f^2	$^4H_4$	3.58	3.6
f^3	$^4I_{9/4}$	3.62	3.8
f^4	$^5I_4$	2.68	
f^5	$^6H_{5/2}$	0.84	1.5
f^6	$^7F_0$	0.00	3.6
f^7	$^8S_{7/2}$	7.94	7.9
f^8	$^7F_6$	9.72	9.7
f^9	$^6H_{15/2}$	10.63	10.5
f^{10}	$^5I_8$	10.60	10.5
f^{11}	$^4I_{15/2}$	9.59	9.4
f^{12}	$^3H_6$	7.57	7.2
f^{13}	$^2F_{7/2}$	4.54	4.5
f^{14}	^1S	0.00	0.0

は，軌道角運動量の寄与が無視できるほど小さいことを示している．これを軌道角運動量消失という．軌道角運動量消失については後で詳しく述べるが，A 項と E 項で軌道角運動量が消失し，T 項だけが軌道角運動量をもつ．

2.2 自由イオンの磁化率

磁場中（H）で量子数（J, M_J）をもつ電子スピンのエネルギーは

$$E(J, M_J) = g_J\mu_B H M_J \tag{2.9}$$

で表すことができる．μ_B はボーア磁子（β を使うこともあり，単位として用いる）である．この式からわかるように磁場により縮退していた J 項は $2J+1$ 個（$M_J = -J, -(J-1), \ldots, 0, \ldots (J-1), J$）

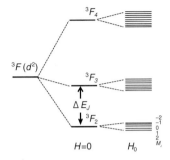

図 2.1 ^3F の多重項分裂とゼーマン分裂の様子

に分裂する．これをゼーマン（Zeeman）分裂とよぶ．たとえば d^2 の電子配置をもつ $J=2$ の電子項（^3F）は $^3F_2$, $^3F_3$, $^3F_4$ に多重項分裂し，それぞれの項は磁場（H_0）により $E_{J,M}=-gM_J\mu_B H_0$ のエネルギーをもつ準位に縮退を解く（図 2.1）．

　多重項分裂にしろゼーマン分裂にしろ，観測者は各状態に熱分布（ボルツマン分布）した総計の物理量を測定することになる．すなわち，磁化率で重要なことは，多重項，ゼーマン分裂と熱エネルギー kT の相対的な大きさである．なお，磁気測定は数テスラ（T）の磁束密度で測定するが，$1\,\mathrm{K}=1.489\,\mathrm{T}$ だから一般的な測定温度では $kT \gg$ ゼーマン分裂である．

2.2.1 多重項分裂が kT より大きい（$\Delta E_J \gg kT$）場合

　$\Delta E_J \gg kT$ では，すべての原子は基底状態 $^3F_2$ にあるので，$J=2$ の状態だけを考えれば良い．系が縮退してないとき i 番目のエネルギー状態 E_J における粒子数は

$$N_i = N \frac{\exp(-E_i/kT)}{\sum\limits_i \exp(-E_i/kT)} \tag{2.10}$$

である．N は粒子の総数，k はボルツマン定数である．状態（M_J）の数は，

$$N_{M_J} = \frac{N \exp(g_J \mu_B H_0 M_J/kT)}{\sum\limits_{M_J=-J}^{J} \exp(g_J \mu_B H_0 M_J/kT)} \tag{2.11}$$

であり，全磁気モーメントは各状態の総和になる．

$$
\begin{aligned}
M &= \sum_{M_J=-J}^{J} N_{M_J} g_J \mu_B M_J \\
&= N g_J \mu_B \frac{N \sum\limits_{M_J=-J}^{J} M_J \exp(g_J \mu_B H_0 M_J/kT)}{\sum\limits_{M_J=-J}^{J} \exp(g_J \mu_B H_0 M_J/kT)}
\end{aligned} \tag{2.12}
$$

ここで，$\exp(x) = 1 + x$ と近似すると

$$M = N g_J \mu_B \frac{N \sum\limits_{M_J=-J}^{J} M_J(1 + g_J \mu_B H_0 M_J/kT)}{\sum\limits_{M_J=-J}^{J} (1 + g_J \mu_B H_0 M_J/kT)} \tag{2.13}$$

さらに，次の関係と和の公式を用いると

$$\sum_{M_J=-J}^{J} M_J = 0 \tag{2.14}$$

$$\sum_{M_J=-J}^{J} M_J^2 = J^2 + (J-1)^2 + \cdots + (J-1)^2 + J^2$$

$$= \frac{J(J+1)(2J+1)}{6} \tag{2.15}$$

全磁気モーメントは以下の式に近似できる.

$$M = N g_J \mu_B \cdot \frac{g_J \mu_B H_0}{kT} \cdot \frac{2J(J+1)(2J+1)}{6(2J+1)}$$

$$= N g_J \mu_B \cdot \frac{g_J \mu_B H_0}{3kT} \cdot J(J+1) \tag{2.16}$$

よって, 磁化率は

$$\chi = \frac{M}{H_0} = \frac{N g_J^2 \mu_B{}^2}{3kT} \cdot J(J+1) \tag{2.17}$$

であり, キュリー定数は次式のように記述できる.

$$C = \frac{N g_J^2 \mu_B{}^2}{3k} J(J+1) \tag{2.18}$$

2.2.2　多重項分裂が kT より小さい（$\Delta E_J \ll kT$）場合

多重項分裂が kT より小さい場合, 原子はすべての項に熱分布することができるので J は良い量子数ではない. すなわち, 軌道角運動量とスピン角運動量がそれぞれ磁場と相互作用することになる.

磁気モーメントは

$$M = \sum_{M_L} N_{M_L} \mu_B M_L + \sum_{M_S} 2 N_{M_S} \mu_B M_S \tag{2.19}$$

となり, 先と同様の手続きにより磁化率を得る.

$$M = N \mu_B \cdot \frac{N \mu_B{}^2 H_0}{3kT} \cdot \{L(L+1) + 4S(S+1)\} \tag{2.20}$$

$$\chi = \frac{M}{H_0} = \frac{N \mu_B{}^2}{3kT} \cdot \{L(L+1) + 4S(S+1)\} \tag{2.21}$$

2.2.3 多重項分裂と kT が同程度（$\Delta E_J \approx kT$）の場合

多重項分裂が熱エネルギーに比べ大きい（$\Delta E_J \gg kT$）場合は基底多重項だけを考えればよかったが，同程度の場合は多重項のエネルギー E_J に応じて熱分布（ボルツマン分布）することになる．以下に結果だけを示す．

$$M = N g_J \mu_B \cdot \frac{g_J \mu_B H_0}{3kT} \cdot \frac{\sum_J J(J+1)(2J+1) \exp(-E_J/kT)}{\sum_J (2J+1)(-E_J/kT)}$$
(2.22)

$$\chi = \frac{M}{H_0} = \frac{N g_J^2 \mu_B{}^2}{3kT} \cdot \frac{\sum_J J(J+1)(2J+1) \exp(-E_J/kT)}{\sum_J (2J+1)(-E_J/kT)}$$
(2.23)

2.3 有効磁気モーメント

これまでは原子磁化率を計算してきたが，化学では有効磁気モーメント（μ_{eff}）を使うことがある．

$$\chi = \frac{N \mu_B{}^2 \mu_{\text{eff}}{}^2}{3kT}$$
(2.24)

であるから，多重項分裂が kT より大きい場合，

$$\mu_{\text{eff}} = g \mu_B \sqrt{J(J+1)}$$
(2.25)

多重項分裂が kT より小さい場合は

$$\mu_{\text{eff}} = \mu_B \sqrt{L(L+1) + 4S(S+1)}$$
(2.26)

となる．第一遷移金属の場合，しばしば軌道縮退が解けることで軌

道角運動量モーメントは消失し（$L = 0$），有効磁気モーメントはスピンオンリー値になる．また，有効磁気モーメントの単位はボーア磁子 μ_B（B.M.）を使う．

$$\mu_{\text{eff}} = 2\mu_B\sqrt{S(S+1)} \tag{2.27}$$

実験的に有効磁気モーメントを決めることで不対電子の数を推定することができる．不対電子が n 個あると $S = n/2$ であり，有効磁気モーメントはスピンオンリーの式で表せる．

$$\mu_{\text{eff}} = \mu_B\sqrt{n(n+2)} = \sqrt{n(n+2)}B.M. \tag{2.28}$$

2.4 磁化

物質は磁場により磁化され，その磁化の大きさは磁気モーメントの大きさによる．磁気モーメントは量子数 L, S, J により決まり，多重項分裂した項はそれぞれの磁気モーメントをもつ．ある有限の磁場 H_0 での磁化 M（2.29 式）はブリルアン（Brillouin）関数（$B_J(x)$）で表すことができる．

$$\begin{aligned}
M &= \sum_{M_J=-J}^{J} N_{M_J}g_J\mu_B M_J \\
&= Ng_J\mu_B \frac{N\sum\limits_{M_J=-J}^{J} M_J\exp(g_J\mu_B H_0 M_J/kT)}{\sum\limits_{M_J=-J}^{J}\exp(g_J\mu_B H_0 M_J/kT)} \\
&= Ng_J\mu_B J B_J(x) \tag{2.29}
\end{aligned}$$

ここで

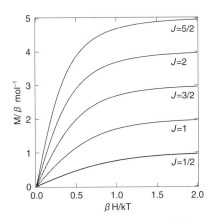

図 2.2 磁化曲線（$g = 2$ として計算）

$$B_J(x) = \frac{2J+1}{2J} \coth\left(\frac{2J+1}{2J}x\right) - \frac{1}{2J} \coth\left(\frac{1}{2J}x\right)$$

$$x = \frac{Jg_J\mu_B H}{kT}$$

であり，x が 0 に近づくと $B_J(x) \approx \frac{J+1}{3J}x$ となり，x が十分大きいと $B_J(x)$ は 1 に近づく．すなわち，物質の磁化は低磁場領域でキュリー則に従い，磁化率は低磁場領域における磁化の傾きになる．

$$M = \frac{Ng_J\mu_B}{3kT} \cdot J(J+1)$$

高磁場になると磁化は飽和し飽和磁化（M_s）

$$M_s = Ng_J\mu_B J$$

になる．量子数 J の磁化を磁場に対しプロットした磁場曲線を図 2.2

に示した.

2.5　van Vleck の式

　常磁性種の磁場中における準位 i のエネルギーは磁場の級数で展開することができる.

$$E_i = E_i^0 + E_i^{(1)}H + E_i^{(2)}H^2 + \cdots \tag{2.30}$$

E_i^0 は磁場がないときの準位 i のエネルギー, $E_i^{(1)}$ は一次のゼーマン効果の係数, $E_i^{(2)}$ は二次のゼーマン効果の係数であり, 三次以降は無視できる. 一次のゼーマン効果により磁場に平行と反平行に配向するスピンは異なるエネルギーをもち, それぞれの準位は磁場に対して対称に分裂する. 二次のゼーマン効果は磁場により基底状態と励起状態が混じることでつくられる温度に依存しない常磁性項 (TIP: Temperature independent paramagnetism) で, 一次のゼーマン項に比べかなり小さい. 磁化の強さは磁場におかれた物質のエネルギー変化で表すことができるから,

$$M_i = -\frac{\partial E_i}{\partial H} = -E_i^{(1)} - 2E_i^{(2)}H \cdots \tag{2.31}$$

あるエネルギー準位 i の磁化率は次式で表せる.

$$\chi_i = -\frac{M_i}{H} = -\frac{1}{H}(E_i^{(1)} + 2E_i^{(2)}H) \tag{2.32}$$

系全体の磁化率を求めるにはゼーマン分裂した各エネルギー準位に熱分布することを考慮する必要がある. よって, ボルツマン分布則を用いると1モルあたりの磁化率は,

$$\chi_M = -\frac{N}{H} \frac{\sum_i [-E_i^{(1)} - 2E_i^{(2)}H] \exp(-E_i/kT)}{\sum_i \exp(-E_i/kT)} \tag{2.33}$$

となる．ここで一次のゼーマン分裂が熱エネルギーに比べ小さく，x が小さい場合には $\exp(x) \cong (1-x)$ と近似できるから

$$\chi_M = -\frac{N}{H} \frac{\sum_i [-E_i^{(1)} - 2E_i^{(2)}H] \exp(-E_i^{(0)})(1-E_i^{(1)}H/kT)(1-E_i^{(2)}H^2/kT)}{\sum_i \exp(-E_i^{(0)}/kT)(1-E_i^{(1)}H/kT)(1-E_i^{(2)}H^2/kT)}$$

(2.34)

となる．一次のゼーマン分裂は磁場に対しその準位を上下対称に分裂し（$\sum_i E_i^{(1)}H = 0$），さらに常磁性化学種の磁化率は磁場の強さに依存しないと仮定すると，モル磁化率は以下の van Vleck の式で表すことができる．

$$\chi_M = \frac{N \sum_i [E_i^{(1)2}/kT - 2E_i^{(2)}] \exp(-E_i^{(0)}/kT)}{\sum_i \exp(-E_i^{(0)}/kT)}$$

(2.35)

ここで，ただ 1 つの準位しかない場合，$E^{(1)2}$ をエネルギーの基準とし，二次のゼーマン項を無視するとキュリーの式を得る．

$$\chi_M = \frac{N \sum_i E_i^{(1)2}}{kT} = \frac{C}{T}$$

(2.36)

磁化率の測定で重要な点は，磁化率は磁化 vs. 磁場プロットの傾きであり，磁化率が磁場の強さに依存しないような低磁場で測定する必要がある．

メモ

一次のゼーマン効果の演算子

$$\mathcal{H}^{(1)} = \mu_\beta (\boldsymbol{L} + 2\boldsymbol{S})\boldsymbol{H}$$

磁場 H の方向を z 軸とすると

$$\mathcal{H}^{(1)} = \mu_\beta H(\boldsymbol{L_z} + 2\boldsymbol{S_z}) = \mu_\beta H(\boldsymbol{J_z} + \boldsymbol{S_z})$$

一次のゼーマン効果は以下の式になり, $\pm M_J$ は磁場に対して対称に分裂する.

$$E^{(1)}H = \langle (L, S, J, M_J) | \mu_\beta H(\boldsymbol{J_z} + \boldsymbol{S_z}) | (L, S, J, M_J) \rangle = \mu_\beta H M_J g_J$$

ここで

$$g_J = 1 + \frac{1}{2} \times \frac{J(J+1) + S(S+1) - L(L+1)}{J(J+1)}$$

第3章

遷移金属イオンの電子状態と磁性

3.1 原子軌道

　電子は粒子と波としての性質をもち，その波動関数とエネルギーはシュレディンガー方程式を解くことで得られる．

$$\left\{-\frac{\hbar^2}{2m}\left(\frac{\partial^2}{\partial x^2}+\frac{\partial^2}{\partial y^2}+\frac{\partial^2}{\partial z^2}\right)+V\right\}\psi = E\psi \tag{3.1}$$

$$V = -\frac{e^2}{4\pi\varepsilon_0 r} \tag{3.2}$$

m は電子の質量，ディラック定数 $\hbar$ はプランク定数を 2π で割った値，E と V は電子の運動エネルギーとポテンシャルエネルギー，ψ は波動関数である．

　極座標を用いると（図 3.1），方程式（3.1）の解は動径波動関数と角度波動関数の積で表すことができる．

$$\psi_{n,l,m_l} = R_{n,l}(r)Y_l^{m_l}(\theta,\phi) \tag{3.3}$$

動径関数は核からの距離に対する波動関数の変化を，角度波動関数は軌道の形を与える．主量子数 n は正の整数，軌道角運動量量子数 l は 0 から $n-1$ までの整数値，磁気量子数 m_l は $-l$ から l までの整数値である．軌道エネルギー（E_n）は，

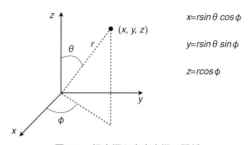

$x = r\sin\theta\cos\phi$

$y = r\sin\theta\sin\phi$

$z = r\cos\phi$

図 3.1 極座標と直交座標の関係

$$E_n = -\frac{\mu Z^2 e^4}{8n^2 \varepsilon_0^2 h^2} \tag{3.4}$$

で与えられる. ここで $\mu(= m_e m_p / (m_e + m_p) \approx m_e)$ は換算質量である. 角度波動関数の一般式は次式で表せる.

$$\begin{aligned} Y_l^{m_l} &= \Theta_l^{m_l}\Phi_{m_l} \\ \Phi_{m_l} &= A e^{i m_l \phi} \end{aligned} \tag{3.5}$$

s, p, d 軌道の波動関数を以下に示す.

s 軌道:

$$Y_0^0 = 2^{-1/2}(2\pi)^{-1/2}$$

p 軌道:

$$Y_1^0 = (3/2)^{1/2}\cos\theta \cdot (2\pi)^{-1/2}$$
$$Y_1^{\pm1} = (3/4)^{1/2}\sin\theta \cdot (2\pi)^{-1/2} e^{\pm i\phi}$$

d 軌道：

$$Y_2^0 = (5/8)^{1/2}(3\cos^2\theta - 1) \cdot (2\pi)^{-1/2}$$
$$Y_2^{\pm 1} = (15/4)^{1/2}\sin\theta\cos\theta \cdot (2\pi)^{-1/2}e^{\pm i\phi}$$
$$Y_2^{\pm 2} = (15/16)^{1/2}\sin^2\theta \cdot (2\pi)^{-1/2}e^{\pm 2i\phi}$$

f 軌道：

$$Y_3^0 = (7/8)^{1/2}(5\cos^3\theta - 3\cos\theta) \cdot (2\pi)^{-1/2}$$
$$Y_3^{\pm 1} = (21/32)^{1/2}(5\cos^3\theta - 1)\sin\theta \cdot (2\pi)^{-1/2}e^{\pm i\phi}$$
$$Y_3^{\pm 2} = (105/16)^{1/2}\sin^2\theta\cos\theta \cdot (2\pi)^{-1/2}e^{\pm 2i\phi}$$
$$Y_3^{\pm 3} = (35/32)^{1/2}\sin^3\theta \cdot (2\pi)^{-1/2}e^{\pm 3i\phi}$$

軌道を直感的に表すには直交座標を用いると便利である．波動関数の線形結合により，以下の実数型波動関数を作ることができる．

$$p_z = Y_1^0$$
$$p_y = 2^{-1/2}(Y_1^1 - Y_1^{-1})$$
$$p_x = 2^{-1/2}(Y_1^1 + Y_1^{-1})$$

$$d_{z^2} = Y_2^0$$
$$d_{x^2-y^2} = 2^{-1/2}(Y_2^2 - Y_1^{-1})$$
$$d_{xz} = 2^{-1/2}(Y_2^1 + Y_2^{-1})$$
$$d_{yz} = 2^{-1/2}(Y_2^1 - Y_2^{-1})$$
$$d_{xy} = 2^{-1/2}(Y_2^2 - Y_2^{-2})$$

実数型波動関数で表した d 軌道を図 3.2 に示す．

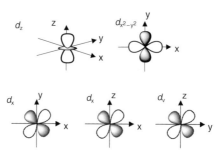

図 3.2 水素原子モデルから得られる 5 つの *d* 軌道

メモ

波動関数 Ψ_{n,l,m_l} および積分の表記

$$\Psi_{n,l,m_l} = |n, l, m_l\rangle$$

$$\Psi^*_{n,l,m_l} = \langle n, l, m_l|$$

$$\int \Psi^*_{n,l,m_l} H \Psi_{n,l,m_l} d\tau = \langle n, l, m_l|H|n, l, m_l\rangle$$

3.2 結晶場理論

　遷移金属錯体の磁気的性質を理解するには結晶場理論や配位子場理論が不可欠である．1929 年に Bethe によって発表された結晶場理論は，配位子と中心金属の結合がイオン的であり，点電荷とみなした配位子を中心金属イオンに及ぼす静電的ポテンシャルの効果として取り扱う．もちろん金属イオンと配位子の結合が完全にイオン結合であることはありえないが，金属錯体の電子状態を定性的に理

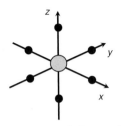

図 3.3 正八面体場における金属イオンと配位子の位置

解するには便利である．金属錯体の電子状態をより正確に記述するには，金属イオンと配位子の結合を分子軌道法で取り扱う配位子場理論が必要になる．

3.2.1 結晶場分裂

遷移金属イオンが自由イオンのような球対称な静電場に置かれた場合，5 つの d 軌道は縮退している．しかし，金属イオンのまわりに配位子があると配位子の数と配位構造に応じて d 軌道は分裂する．まず，6 つの配位子が座標軸上に等距離で置かれる正八面体場について考えてみよう．

図 3.3 のように正八面体に配置された点電荷 $(z_i e)$ が任意の点 P (x, y, z) につくるポテンシャルは

$$V_{x,y,z} = \sum_{i=1}^{6} \frac{ez_i}{r_{ij}} \tag{3.6}$$

と表せる．ここで，r_{ij} は i 番目の電荷から点 P までの距離である．球対称な場では n 重に縮退した系の固有関数 ψ_0 と固有値 E_0 には次式が成り立つ．

$$\mathcal{H}_0 \psi_n = E_0 \psi_n \tag{3.7}$$

d 軌道の場合，n は 1 から 5 である．ここで，球対称な静電場に摂動項として新たな静電場を作用（$\mathcal{H}_0 + \mathcal{H}'$）させると d 軌道の五重縮退は解ける．新しい正八面体場におけるハミルトニアンは直交座標で以下の式になる．

$$V_{oct} = \frac{6Ze}{a} + \frac{35Z}{4a^5}\left(x^4 + y^4 + z^4 - \frac{3r^4}{5}\right) \tag{3.8}$$

第一項は球対称な項（$\mathcal{H}_0$）であり，すべての d 軌道に同じだけ変化をもたらす．よって新しい場での d 軌道の固有値と固有関数を求めるには，第二項（$\mathcal{H}'$）を摂動項として以下の永年方程式を解けばよい．

$$\begin{vmatrix} H'_{2,2} - E & H'_{2,1} & H'_{2,0} & H'_{2,-1} & H'_{2,-2} \\ H'_{1,2} & H'_{1,1} - E & H'_{1,0} & H'_{1,-1} & H'_{1,-2} \\ H'_{0,2} & H'_{0,1} & H'_{0,0} - E & H'_{0,-1} & H'_{0,-2} \\ H'_{-1,2} & H'_{-1,1} & H'_{-1,0} & H'_{-1,-1} - E & H'_{-1,-2} \\ H'_{-2,2} & H'_{-2,1} & H'_{-2,0} & H'_{-2,-1} & H'_{-2,-2} - E \end{vmatrix} = 0 \tag{3.9}$$

ここで，$H'_{m,m'} = e\int \psi_m^* H' \psi_{m'} d\tau$ であり，m, m' は磁気量子数を表す．

水素モデルから得られた $3d$ 軌道波動関数（$\psi_{nml} = R_{nl}Y_l^m$，n は主量子数，l は方位量子数）を用いると，永年方程式は式（3.10）となる．

$$\begin{vmatrix} Dq - E & 0 & 0 & 0 & 5Dq \\ 0 & -4Dq - E & 0 & 0 & 0 \\ 0 & 0 & 6Dq - E & 0 & 0 \\ 0 & 0 & 0 & -4Dq - E & 0 \\ 5Dq & 0 & 0 & 0 & Dq - E \end{vmatrix} = 0 \tag{3.10}$$

ここで，D と q は次式で与えられる.

$$D = \frac{35Ze}{4a^5} \tag{3.11}$$

$$q = \frac{2e\langle r^4 \rangle}{105} \tag{3.12}$$

a は原点から電荷までの距離，$\langle r^4 \rangle$ は d 電子の平均 4 乗半径である.
永年方程式（3.10）を対角化して得られる解は，よく知られた固有
値 $-4Dq$ をもつ三重縮退した t_{2g} 軌道（d_{xy}, d_{yz}, d_{zx}）と $6Dq$ を
もつ二重縮退した e_g（d_{z^2}, $d_{x^2-y^2}$）を与える. 金属錯体では配位
構造により d 軌道分裂の様子が変わる. 対称性の高い配位構造をも
つ金属錯体の結晶場分裂の様子を図 3.4 に示す.

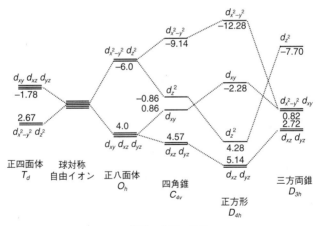

図 3.4 結晶場による d 軌道の分裂の様子
数値は自由イオンを基準としたエネルギー値（Dq）.

3.2.2 群論

分子軌道や電子状態は分子の対称性と密接に関係している．対称性の取り扱いは群論 [1] とよばれ，分子の電子状態を論ずるうえで必要な概念である．本章では結晶場理論や分子磁性に最低限必要な群論について説明する．

対称操作と点群 回転などの操作により，見かけ上分子が同じに見える操作を対称操作という．分子はその形により決まった対称性をもち，その対称操作は回転軸，鏡映面，反転，回映など対称要素をもつ（表 3.1 と図 3.5）．

表 3.1 対称要素と対称操作

恒等操作（E）	分子に何もしない操作
回転操作（C_n）	分子を $2\pi/n$ 回転する．回転軸の中で最も大きな n をもつ軸を主軸とする．
鏡映操作（σ）	ある面で鏡像をつくる操作．分子の回転軸を含む面での鏡映を σ_v，回転軸に垂直な面での鏡映を σ_h，主軸を含み 2 回回転軸を二等分する鏡映を σ_d．
反転操作（i）	反転中心．反転操作により (x, y, z) は $(-x, -y, -z)$ に移動．
回映操作（S_n）	ある回転軸について $2\pi/n$ 回転し，次にその回転軸に垂直な面で鏡映する．

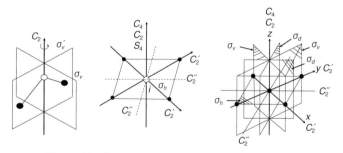

図 3.5 折れ曲がった三原子分子と平面正方形の対称要素

表 3.2　点群とその対称操作

C_n	E と C_n だけをもつ群
C_{nv}	E, C_n と σ_v をもつ群. ただし, $C_{\infty v}$ は線形群
C_{nh}	E, C_n と σ_h をもつ群
D_n	E, C_n と主軸に垂直な C_2' 軸をもつ群
D_{nh}	E と D_n の要素に加え, σ_h をもつ群. ただし, $D_{\infty h}$ は直線分子
D_{nd}	E と D_n の要素に加え, σ_d をもつ群
T_d	正四面体構造の群
O_h	正八面体構造の群
I_h	正二十面体構造の群
C_1	E 以外に対称要素をもたない群
C_s	E と σ のみをもつ群
C_i	E と i のみをもつ群
S_{2n}	E と S_{2n} のみをもつ群

　分子はその対称性に応じて一連の対称操作を要素とする点群に属する（表 3.2）. たとえば, 折れ曲がった構造をもつ水分子は恒等操作 (E), 酸素原子上に 2 回回転軸 (C_2) と 2 回軸を含む面に 2 つの鏡映面 (σ_v, σ_v') をもつ. また, 三角錐構造のアンモニア分子は, 恒等操作 (E) の他に窒素原子から 3 つの水素原子がつくる面に下ろした垂線に時計回りと反時計回りの 2 つ 3 回回転軸 ($2C_3$), この垂線と三角錐の稜線を含む 3 つの鏡映面 ($3\sigma_v$) がある. 水分子とアンモニア分子は, それぞれ 4 つと 6 つの一連の対称操作を要素とする点群 C_{2v} と点群 C_{3v} をつくる. 対称操作の組合せにより 32 の点群があり, 群論で最初にすることは分子がもつ対称要素を調べ, その点群を決定することである. 点群を決定できれば, 分子軌道や化学結合について多くの知見を得る.

　分子の対称性についての議論には次の指標表を用いる. 指標表は点群のすべての対称操作を示し, 対称操作で原子軌道や振動の変異がどのように変換されるかを表している. 表 3.3 と表 3.4 に水分子

表 3.3 点群 C_{2v} の指標表

C_{2v}	E	C_2	σ_v (xz)	σ_v' (yz)		$h = 4$
A_1	1	1	1	1	z	x^2, y^2, z^2
A_2	1	1	-1	-1	R_z	xy
B_1	1	-1	1	-1	x, R_y	zx
B_2	1	-1	1	1	y, R_x	yz

表 3.4 点群 C_{3v} の指標表

C_{3v}	E	$2C_3$	$3\sigma_v$		$h = 6$
A_1	1	1	1	z	$x^2 + y^2, z^2$
A_2	1	1	-1	R_z	
E	2	-1	0	(x, y) (R_y, R_y)	$(x^2 - y^2, xy)$ (zx, yz)

（C_{2v}）とアンモニア分子（C_{3v}）の指標表を示す.

　指標表の縦第 1 列は対称種を，横第 1 行には対称操作（類）と対称操作の数である位数（h）を記し，表中の数字が指標（χ）である. 指標は原子軌道が対称操作によりどのように変換されるかを表す. $\chi = 1$ は対称操作で原子軌道は変化せず，$\chi = -1$ は原子軌道の符号が変わり，それ以外はより複雑に変化する. 右端の列には対称種の特徴を示す関数を記している.

　指標の各行の既約表現の対称種 A_1，A_2，E は群における対称性の基本的な種類であり，対称種 A，B は非縮退，E は二重縮退，T は三重縮退を意味している. また，主軸についての回転操作で指標の符号が変わる場合は A，変わらない場合は B を用い，対称中心をもつ点群の既約表現には添字 g をつける.

　群の表現　幾何学的対称操作に行列を使うと便利である. たとえば，点群 C_{2v} の対称操作による座標変換は次の行列の積で表すこと

ができる.

$$E \begin{pmatrix} x \\ y \\ z \end{pmatrix} = \begin{pmatrix} 1 & 0 & 0 \\ 0 & 1 & 0 \\ 0 & 0 & 1 \end{pmatrix} \begin{pmatrix} x \\ y \\ z \end{pmatrix}$$

$$C_2 \begin{pmatrix} x \\ y \\ z \end{pmatrix} = \begin{pmatrix} -1 & 0 & 0 \\ 0 & -1 & 0 \\ 0 & 0 & 1 \end{pmatrix} \begin{pmatrix} x \\ y \\ z \end{pmatrix}$$

$$\sigma_v \begin{pmatrix} x \\ y \\ z \end{pmatrix} = \begin{pmatrix} 1 & 0 & 0 \\ 0 & -1 & 0 \\ 0 & 0 & -1 \end{pmatrix} \begin{pmatrix} x \\ y \\ z \end{pmatrix}$$

$$\sigma_v' \begin{pmatrix} x \\ y \\ z \end{pmatrix} = \begin{pmatrix} -1 & 0 & 0 \\ 0 & 1 & 0 \\ 0 & 0 & 1 \end{pmatrix} \begin{pmatrix} x \\ y \\ z \end{pmatrix}$$

対角要素の和は指標であり,これらの行列もまた群の表現である.群における最も簡単な表現を既約表現,次の直積に出てくるような既約表現に分解できる行列を可約表現とよぶ.既約表現には次の性質がある.

1) 既約表現の指標の次元数の二乗の和は位数に等しい.
2) 既約表現の指標の二乗の和は位数に等しい.

$$\sum_R [\chi_i(R)]^2 = h$$

3) 2つの既約表現の指標は直交する.

$$\sum_R \chi_i(R)\chi_j(R) = 0$$

4) 点群の既約表現の数は，その類の数に等しい．

直積 2 つの波動関数 φ_a と φ_b の既約表現の指標を Γ_a と Γ_b とすると，$\varphi_a\varphi_b$ の指標は Γ_a と Γ_b の積（直積）で与えられる．得られた指標は可約表現であることが多く，既約表現に分解することができる．C_{2v} 群に属する水分子を例にとると（図 3.6），酸素原子の p_z と p_x 軌道の指標は（1, 1, 1, 1）と（1, 1, -1, 1）であるから，軌道の対称種はそれぞれ A_1 と B_2 になる．酸素原子の電子配置 $p_z p_x$ の対称種は A_1 と B_2 の指標の直積で求められ，$p_z \times p_x = (1, 1, 1, 1) \times (1, 1, -1, 1) = (1, 1, -1, 1)$ であるから，対象種は B_2 になる．

分子の点群が決まれば電子配置の対称種も求めることができる．金属錯体でよく使う点群 O_h と T_d における直積の結果を表 3.5 に示す．たとえば，O_h 対称性で d^2 の電子配置（$t_{2g}e_{2g}$）から生じる既約表現は，直積表から $T_{1g} + T_{2g}$（$= T_{2g} \cdot E_g$）となる．

ここで既約表現の積は次の規則に従う．

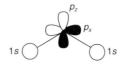

図 3.6　水分子の原子軌道

表 3.5　点群 O_h と T_d の直積表

	A_1	A_2	E	T_1	T_2
A_1	A_1	A_2	E	T_1	T_2
A_2	A_2	A_1	E	T_2	T_1
E	E	E	A_1+A_2+E	T_1+T_2	T_1+T_2
T_1	T_1	T_2	T_1+T_2	$A_1+E+T_1+T_2$	$A_2+E+T_1+T_2$
T_2	T_2	T_1	T_1+T_2	$A_2+E+T_1+T_2$	$A_1+E+T_1+T_2$

$$A \cdot A = A \qquad A \cdot B = B \qquad B \cdot B = A \qquad E \cdot A = A \qquad E \cdot B = B$$

また，直積でできるような可約表現（Γ）に含まれる既約表現（Γ_l）の数 a_i は，可約表現の指標（$\chi(R)$）と既約表現の指標（$\chi_i(R)$）から次式により求める．

$$a_i = \frac{1}{h} \sum_R \chi(R) \chi_i(R) \tag{3.13}$$

3.2.3 結晶場安定化エネルギーと正八面体場での電子状態

遷移金属イオンの五重縮退した d 軌道が分裂する要因は，d 電子と配位原子の静電的相互作用と結晶場による（3.8 式）．前述のように，金属イオンの d 軌道は正八面体場（O_h）で三重縮退した t_{2g} 軌道と二重縮退の e_g 軌道に分裂する．結晶場分裂で $4Dq$ 安定化した t_{2g} 軌道と $6Dq$ 不安定化した e_g 軌道に d 電子を入れていくと，d^5 と d^{10} の電子配置を除き金属イオンのエネルギーは安定化する．これを結晶場安定化エネルギー（CFSE = crystal field stabilization energy）という．また，O_h 対称で d^4 から d^7 の電子配置をもつ金属イオンでは，結晶場分裂の大きさにより 2 通りの電子配置が考えられる．結晶場分裂が小さいと d 電子はフント（Hund）則に従いスピン対を作らないような電子配置を，大きい場合はフント則を無視してスピンが対を作る電子配置をもつ．前者を高スピン型（HS: high-spin），後者を低スピン型（LS: low-spin）の電子配置とよぶ（図 3.7）．

O_h 対称性における d^n 電子配置の結晶場安定化エネルギーと基底項（最低エネルギーをもつ電子配置の既約表現）を表 3.6 に示す．前述のように d^4 から d^7 の電子配置では，結晶場分裂が小さい場合（弱い配位子場）には高スピン型，大きい場合（強い配位子場）は低

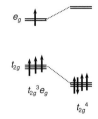

図 3.7 O_h 対称性 d^4 の高スピン型と低スピン型の電子配置の様子

表 3.6 d^n 電子配置をもつ正八面体型錯体の結晶場安定化エネルギーと基底項

d 電子数	d^1	d^2	d^3	d^4	d^5	d^6	d^7	d^8	d^9	d^{10}
自由イオンの基底項	^2D	^3F	^4F	^5D	^6S	^5D	^4F	^3F	^2D	^1S
不対電子の数 （高スピン型）	1	2	3	4	5	4	3	2	1	0
CFSE (Dq)	4	8	12	6	0	4	8	12	6	0
基底項 *	$^2T_{2g}$	$^3T_{1g}$	$^4A_{2g}$	^5E_g	$^6A_{1g}$	$^5T_{2g}$	$^4T_{1g}$	$^3A_{2g}$	^2E_g	$^1A_{1g}$
不対電子の数 （低スピン型）	1	2	3	2	1	0	1	2	1	0
CFSE (Dq)	4	8	12	16	20	24	18	12	6	0
基底項	$^2T_{2g}$	$^3T_{1g}$	$^4A_{2g}$	$^3T_{1g}$	$^2T_{2g}$	$^1A_{1g}$	^2E_g	$^3A_{2g}$	^2E_g	$^1A_{1g}$

* 基底項の左上の数字はスピン多重度（不対電子の数 +1）を表す．結晶場分裂で生じた項は大文字を用いるのに対し，一電子軌道は小文字（t_{2g}, e_g）を使う．群論の既約表現である基底項 A, B は非縮退した軌道，E は二重縮退した軌道，T は三重縮退軌道を表す．

スピン型と電子配置が異なる．

3.2.4 金属錯体の電子状態

金属錯体の電子状態や磁気的性質は，d 電子間の相互作用と結晶場ポテンシャル（V）により決まり，それらの大きさで次の 4 つの場合がある．

1) $s_i \cdot s_j > l_i \cdot l_j > l_i \cdot s_i > \mathrm{V}$：金属イオンは自由イオンのように振る舞う. 多重項分裂幅が大きな希土類金属錯体にみられる.

2) $s_i \cdot s_j > l_i \cdot l_j > \mathrm{V} > l_i \cdot s_i$：弱い結晶場近似である. フントの第一法則が成り立つ.

3) $s_i \cdot s_j > \mathrm{V} > l_i \cdot l_j > l_i \cdot s_i$：中程度の配位子場の強さであり, フントの第二法則が破綻する.

4) $\mathrm{V} > s_i \cdot s_j > l_i \cdot l_j > l_i \cdot s_i$：強い結晶場近似として取り扱う. フントの第一法則が破綻し, 基底状態は必ずしもスピン多重度が大きな項ではなくなる.

次節では金属錯体の磁気的性質を理解するうえで重要な弱い結晶場近似と強い結晶場近似について説明する.

3.2.5　弱い結晶場の場合

スピン軌道相互作用が小さい, 弱い結晶場近似（$s_i \cdot s_j > l_i \cdot l_j > l_i \cdot s_i$）では, Russel-Sunders 結合により生じた LS 項が結晶場で分裂する. d^n の電子配置から S, P, D, F 項（表 1.1）が生じ, スピン多重度は $2S+1$ になる. ここで, 結晶場は静電的相互作用であるから結晶場分裂でスピン多重度は変わらない. 表 3.7 と図 3.8 に正八面体場と正四面体場における原子軌道の既約表現と LS 項の分裂をまとめた. たとえば, d^1 の電子配置では, 自由イオンの LS 項は ^2D である. 正八面体結晶場では t_{2g}^1 と e_g^1 の電子配置が可能であるから, ^2D は $^2T_{2g}$ と ^2E_g に分裂する. また, d^2 の電子配置では $^3F, ^1D, ^2P, ^1G, ^1S$ が生じ, 正八面体結晶場で ^3F は $^3A_{2g} + ^3T_{1g} + ^3T_{2g}$ に, ^1D は $^1T_{2g} + ^1E_g$ にそれぞれ分裂する. 他の d^n の場合も同様の方法で結晶場項を決めることができる. なお, 対称中心をもつ正八面体結晶場項には添字 g をつける. また, 正八面体場と正四面体

表 3.7 正八面体（O_h）または正四面体（T_d）結晶場における原子軌道の規約表現

LS 項	S	P	D	F	G
既約表現	A_1	T_1	$T_2 + E$	$A_2 + T_1 + T_2$	$A_1 + E + T_1 + T_2$

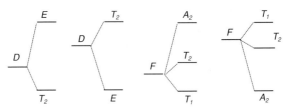

d^1, d^6 正八面体　　d^4, d^9 正八面体　　d^2, d^7 正八面体　　d^3, d^8 正八面体
d^4, d^9 正四面体　　d^1, d^6 正四面体　　d^3, d^8 正四面体　　d^2, d^7 正四面体

図 3.8　正八面体と正四面体配位構造をもつ錯体における D 項と F 項の分裂

場では結晶場項が逆転し，d^n と d^{10-n} の結晶場項も逆転する．

3.2.6　強い結晶場の場合

　電子間相互作用が無視できるほど結晶場ポテンシャルが大きな強い結晶場では，結晶場項がスピン軌道相互作用により分裂する．たとえば，正八面体結晶場で d^2 の電子配置は $(t_{2g})^2$，$(t_{2g}e_g)$，$(e_g)^2$ であり，既約表現は直積から求めることができる．

$$(t_{2g})^2 \quad {}^3T_{1g} + {}^1T_{2g} + {}^1E_g + {}^1A_{1g}$$
$$(t_{2g}e_g) \quad {}^3T_{1g} + {}^3T_{2g} + {}^1T_{1g} + {}^1T_{2g}$$
$$(e_g)^2 \quad {}^3A_{2g} + {}^1E_g + {}^1A_{1g}$$

ただし，それぞれの項のスピン多重度はすぐに決めることができない．詳細については成書 [2] を参考にされたい．なお，正八面体結

晶場における弱い結晶場と強い結晶場における LS 項と結晶場項の
エネルギー相関は田辺・菅野のエネルギー準位図にある [3].

3.2.7 軌道角運動量消失

　縮退した軌道がある軸まわりの回転で重なると，その軌道にある
不対電子は軌道間を移動することで軌道角運動量が生じる．正八面
体結晶場では d 軌道は二重縮退の e_g ($d_{x^2-y^2}, d_{z^2}$) と三重縮退の
t_{2g} 軌道 (d_{xy}, d_{yz}, d_{xz}) に分裂している．二重縮退した $d_{x^2-y^2}$ と
d_{z^2} は回転で重なることができないので e_g 軌道にある不対電子の軌
道角運動量はゼロであり，t_{2g} 軌道にある不対電子は軌道間を移動す
ることで軌道角運動量を生じる．すなわち，A 項および E 項では軌
道角運動量は消滅し，T 項だけが軌道角運動量をもつ．金属イオン
の磁性は軌道角運動量とスピン角運動量の両方の寄与があり，その
有効磁気モーメントは

$$\mu_{\text{eff}} = \mu_B \sqrt{L(L+1) + 4S(S+1)} \tag{3.14}$$

である．A 項および E 項では軌道角運動量は消滅し ($L = 0$)，磁
気モーメントは次式のスピンオンリー値によく一致する．

$$\mu_{\text{eff}} = g \sqrt{S(S+1)} \tag{3.15}$$

3.2.8 A 項および E 項の磁性

　A 項および E 項は基底状態では軌道角運動量をもたないが，励起状
態にスピン多重度が等しい T 項があると，スピン軌道相互作用により
基底状態に T 項が混じることで軌道の寄与をもつことができる（1章の
メモを参照，p.10）．その結果，磁気モーメント（$\mu_{\text{eff}} = g\sqrt{S(S+1)}$）
の g 値は基底状態が A 項については

$$g = 2\left(1 - \frac{4\lambda}{10Dq}\right) \tag{3.16}$$

E 項については

$$g = 2\left(1 - \frac{2\lambda}{10Dq}\right) \tag{3.17}$$

となる. ここで, λ は基底状態のスピン軌道結合定数, Dq は基底状態と励起状態の分裂の大きさを表している. ここで, λ の符号は d^1 から d^4 までの電子配置では正で $g < 2.0$, d^6 から d^9 までは負で $g > 2.0$ となる.

3.2.9 T 項の磁性

基底項が T 項の場合には磁気モーメントに軌道の寄与が加わるだけでなく, スピン軌道相互作用による分裂を考慮する必要がある. T 項を基底状態にもつ金属イオンの磁気モーメントは, 外部磁場によりスピン軌道相互作用とゼーマン効果で分裂した準位に熱分布する. 磁化率は次のような手順で求める. 摂動ハミルトニアンはスピン軌道相互作用と一次のゼーマン効果を含む $\mathcal{H} = \lambda \boldsymbol{L} \cdot \boldsymbol{S} + \beta(\boldsymbol{L} + 2\boldsymbol{S})\boldsymbol{H}$ であるから, まずスピン軌道相互作用による分裂項 ($\langle\phi_i|\lambda\boldsymbol{L}\cdot\boldsymbol{S}|\phi_j\rangle$) の波動関数とエネルギーを求め, 次に一次のゼーマン項で分裂した準位のエネルギー ($\langle\psi_n|\beta(\boldsymbol{L} + 2\boldsymbol{S})\boldsymbol{H}|\psi_n\rangle$) を求める. 図3.9に d^1 の分裂の様子を示す. ここで, 一次のゼーマン効果で分裂した準位は, 磁場で基底状態と励起状態が混じり合い基底状態のエネルギーが H^2 に比例して摂動を受ける. これを二次のゼーマン効果という.

$$E_i^{(2)}H^2 = \sum_m \frac{\langle\psi_n|\beta(\boldsymbol{L} + 2\boldsymbol{S})\boldsymbol{H}|\psi_m\rangle\langle\psi_n|\beta(\boldsymbol{L} + 2\boldsymbol{S})\boldsymbol{H}|\psi_m\rangle}{E_n^{(0)} - E_m^{(0)}} \tag{3.18}$$

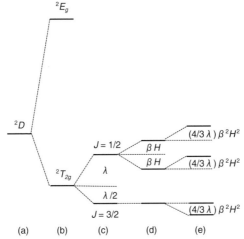

図 3.9　正八面体結晶場における ^2D 項のエネルギー分裂の様子
　　　　(a) 自由イオン，(b) 結晶場，(c) スピン軌道相互作用，(d) 一次のゼー
　　　　マン効果，(e) 二次のゼーマン効果．$J = 3/2$ が一次のゼーマン分裂を
　　　　示さないのは不思議であるが，これは正八面体結晶場での T 項があた
　　　　かも自由イオンの P 項 ($L = 1$) のようにみなせるためである．このと
　　　　きゼーマンエネルギーは $(-L + gS)B$ になり，d^1 イオンでは $g = 2$，S
　　　　$= 1/2$ に対して消えてしまうことがある [4]．

3.2.10　ヤーン・テラー効果：分子の歪みによる電子状態の安定化

　分子は構造を歪ませる（対称性を下げる）ことで，軌道の縮退を解
き安定化する．これをヤーン・テラー効果（Jahn-Teller effect）と
いう．たとえば，6 配位八面体 Cu(II) 錯体 (d^9) では，ヤーン・テ
ラー効果により z 軸方向の結合が伸びることで分子の対称性は O_h
から D_{4h} になる．その結果，正八面体結晶場 (O_h) の t_{2g} 軌道は二
重縮退した d_{xz} と d_{yz} 軌道と d_{xy} 軌道に分裂し，e_g 軌道は d_{z^2} 軌
道と $d_{x^2-y^2}$ 軌道に分裂する（図 3.10）．分子が歪んだ結果，σ 軌道

の d_{z^2} 軌道に二電子と $d_{x^2-y^2}$ 軌道に一電子入ることで系全体としてのエネルギーは $\delta/2$ だけ安定化する．このようなヤーン・テラー歪みは e_g 軌道に不対電子をもつ 6 配位 Mn(III) 錯体（d^4）にも見られるが，t_{2g} 軌道に不対電子があるような Co(II) 錯体（d^7）ではヤン・テラー歪みは小さい．これは，t_{2g} 軌道が非結合性軌道であるためである．

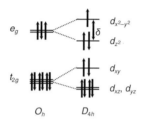

図 3.10 d^9 電子配置をもつ銅 (II) イオンのヤーン・テラー歪みによる安定化

メモ

　分子が歪むことでエネルギー的に安定化するヤーン・テラー歪みと同じように，一次元化合物においても構造歪みによる安定化が起こる．これをパイエルス歪という．常磁性イオンが等間隔で並ぶ一次元金属（パウリ磁性金属）は温度の低下に伴いイオンが二量化することで格子長は 2 倍になり反磁性絶縁体に転移する．有機伝導体である [TTF][TCNQ]（TTF: Tetrathiafulvalene, TCNQ: Tetracyanoquinodimethane）や Walffram red として知られる [Pt^{IV}Br$_2$(NH$_3$)$_4$][Pt^{II}(NH$_3$)$_4$]Br$_2$ はパイエルス歪みにより金属絶縁体転移を示すことが知られている．一次元金属は半分詰まった（half-filled）バンドをもつが，同じ half-filled の物質でも電子移動したときの一中心電子間反発（オンサイトクーロン反発）が大きいとモット絶縁体となる．なお，パイエルス歪みは一次元化合物特有の物性であるが，モット絶縁体は一次元構造に限らない．

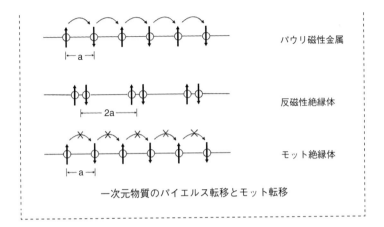

パウリ磁性金属

反磁性絶縁体

モット絶縁体

一次元物質のパイエルス転移とモット転移

文献

[1] F. A. Cotton 著，中原勝儼 訳：『群論の化学への応用』丸善 (1980).

[2] C. J. Ballhausen 著，田中信行・尼子義人 訳：『配位子場理論入門』，丸善 (1967)；
B. N. Figgis, M. A. Hichman："Ligand Field Theory and Application"，
Wiley-VCH (2000).

[3] Y. Tanabe, S. Sugano：*J. Phys. Soc. Jpn*, **9**, 753 (1953).

[4] J. S. Griffith："The Theory of Transition-Metal Ions", Table 10.1,
Cambridge University Press (1961); R.Boca："Theoretical Founda-
tions of Molecular Magnetism", Table 8.37, Elsevier Science (1999)

第 4 章

磁気的相互作用

4.1 分子内の磁気的相互作用

4.1.1 等核二核錯体の磁性

常磁性中心 i と j 間の磁気的相互作用は次のスピンハミルトニアンで表せる.

$$\mathcal{H} = -2 \sum_{\substack{i,j \\ i \neq j}} J_{ij} \boldsymbol{S}_i \cdot \boldsymbol{S}_j \tag{4.1}$$

$\boldsymbol{S}_i$ と $\boldsymbol{S}_j$ はスピンベクトル, J_{ij} は交換積分の大きさに相当する交換相互作用定数である. $J_{ij} > 0$ の場合はスピンが互いに平行であるほう, $J_{ij} < 0$ では反平行であるほうのエネルギーが低く, 前者は強磁性的相互作用, 後者は反強磁性的相互作用を表している (図 4.1).

例として, 最も単純な等核二核錯体の磁化率をスピンベクトルモデルで導出してみる. それぞれのスピンベクトルを $\boldsymbol{S}_1$ と $\boldsymbol{S}_2$, 全スピンベクトルを $\boldsymbol{S}_T = \boldsymbol{S}_1 + \boldsymbol{S}_2$ とする.

$$\boldsymbol{S}_T^2 = \boldsymbol{S}_1^2 + \boldsymbol{S}_2^2 + 2\boldsymbol{S}_1 \cdot \boldsymbol{S}_2 \tag{4.2}$$

であるから, スピンハミルトニアンは

強磁性的相互作用　　反強磁性的相互作用
$J>0$　　　　　　　　$J<0$

図 4.1　磁気的相互作用

$$\mathcal{H} = -2J\boldsymbol{S}_1\cdot\boldsymbol{S}_2 = -J\left[S_T(S_T+1) - S_1(S_1+1) - S_2(S_2+1)\right] \tag{4.3}$$

と書くことができる．括弧内の第二項と第三項は定数であるから，それぞれのスピン準位のエネルギーは

$$E(S_T) = -J\left[S_T(S_T+1)\right] \tag{4.4}$$

と表せる．ここで，全スピン量子数 (S_T) は $|S_1+S_2|$，$|S_1+S_2-1|$，$\cdots$，$|S_1-S_2|$ の値をもつ．常磁性化学種間に反強磁性的相互作用が働くと $J<0$ であるから，$S_T=0$ が基底状態になる．スピンが平行に並ぶほうが安定な強磁性的相互作用では全スピン量子数が $S_T=S_1+S_2$ が基底状態となる．スピン量子数 S の等核二核錯体のスピン多重度とエネルギー準位を表 4.1 に示す．

このようにして各スピン準位のエネルギーが求まると，van Vleck の式（2.35）を用い磁化率を計算することができる．各スピン準位は一次のゼーマン効果により $-g\beta H S_T$ から $g\beta H S_T$ に分裂するので，$(E_i^{(1)})^2$ の項は

$$\begin{aligned}(E_i^{(1)})^2 &= g^2\beta^2\left[(S_T)^2 + (S_T-1)^2 + \cdots(-S_T)^2\right]\\ &= g^2\beta^2\frac{S_T(S_T+1)(2S_T+1)}{3}\end{aligned} \tag{4.5}$$

表 4.1 等核二核錯体の全スピン量子数とエネルギー準位

S_T	エネルギー
$2S$	$-J[2S(S+1)]$
.	.
.	.
.	.
2	$-6J$
1	$-2J$
0	0

スピン多重度は $2S_T + 1$

となる．二次のゼーマン項を $N\alpha$ として [ ] の外に出すと，モル磁
化率は以下の式になる．

$$\chi_M = \frac{Ng^2\beta^2}{3kT} \left[\frac{\sum S_T(S_T+1)(2S_T+1)\exp(-E(S_T)/kT)}{\sum (2S_T+1)\exp(-E(S_T)/kT)} \right] + N\alpha \tag{4.6}$$

たとえば 2 つの $S = 1/2$ からなる常磁性化学種の場合，$S_T = 1$ と
$S_T = 0$ のエネルギー差は $-2J$ である．これを式（4.6）に代入し
て得られるモル磁化率は

$$\chi_M = \frac{Ng^2\beta^2}{kT} \frac{2\exp(2J/kT)}{1+3\exp(2J/kT)} \tag{4.7}$$

となる．図 4.2 に $S = 1/2$ からなる等核二核錯体の $\chi_M T$ を温度に
対しプロットした．

　スピンベクトルモデルが適応できる系は，三核錯体や四核錯体な
ど対称性が高い化合物に限られている．それ以外の系では各エネル
ギー準位の固有値を求め，van Vleck の式から磁化率を求める必要
がある．

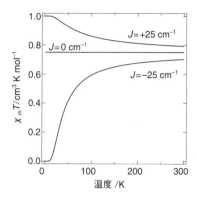

図 4.2 2 つの $S = 1/2$ をもつスピン間に磁気的相互作用があるときの $\chi_M T$ を温度に対しプロット.
J は交換相互作用定数, $g = 2$ とした.

4.1.2 異核二核錯体の磁性

　等核二核錯体や有機ラジカルでは 1 種類の g 値でその磁化率を計算できる. しかし, 異核錯体のように d 電子配置が異なる金属イオンをもつと金属イオンごとに g 値をもつためその磁化率の式を求めるのは複雑になる. ここでは最も簡単な Cu(II) と Ni(II) イオンからなる二核錯体について説明する. スピンハミルトニアンは

$$\mathcal{H} = -2J\boldsymbol{S}_{Cu} \cdot \boldsymbol{S}_{Ni} + \beta(\boldsymbol{S}_{Cu} \cdot g_{Cu} + \boldsymbol{S}_{Ni} \cdot g_{Ni}) \cdot H \quad (4.8)$$

である. Cu(II) イオンの $S_{Cu} = 1/2$ と Ni(II) イオンの $S_{Ni} = 1$ からできるスピン状態 ($|S_T, M_S\rangle$) は $|1/2, \pm1/2\rangle$, $|3/2, \pm3/2\rangle$, $|3/2, \pm1/2\rangle$ であり, $S_T = 1/2$ と $3/2$ のエネルギー差は $3/2J$ である. $S = 1/2$ と $3/2$ の g 値を $g_{1/2}$ と $g_{3/2}$, 二次のゼーマン項を $N\alpha$ とすると, 磁化率は

$$\chi_M = \frac{N\beta^2}{4kT} \left[\frac{g_{1/2}^2 + 10g_{3/2}^2 \exp(3J/2kT)}{1 + \exp(3J/2kT)} \right] + N\alpha \qquad (4.9)$$

で表せる．以下の Wigner-Echart の定理を使うと

$$g_S = \frac{(1+c)g_A}{2} + \frac{(1-c)g_B}{2}$$
$$c = \frac{S_A(S_A + 1) - S_B(S_B + 1)}{2S(S + 1)} \qquad (4.10)$$

$g_{1/2}$ と $g_{3/2}$ は以下のようになる．

$$g_{1/2} = (4g_{Ni} - g_{Cu})/3$$
$$g_{3/2} = (2g_{Ni} + g_{Cu})/3 \qquad (4.11)$$

異核多核錯体など複雑な構造を持つ化合物の磁気化率データを解析するには，公開磁化率解析ソフト MAG PAC [1] を利用することができる．

4.2　一次元化合物の磁性

4.2.1　$S = 1/2$ の一次元化合物

1種類の $S = 1/2$ が等間隔で並ぶ一次元化合物では等方的磁気的相互作用を仮定したハイゼンベルク（Heisenberg）モデルを用いる．スピンハミルトニアンは

$$\mathcal{H} = -2J \sum_i S_i \cdot S_{i+1} \qquad (4.12)$$

であるが，この厳密解はないので ring-chain モデルを拡張することで近似解を得る．

等間隔で並んだ $S = 1/2$ のスピン間に反強磁性的相互作用が働いている系は Bonner-Fisher の式 [2] を用い,

$$\chi = \frac{Ng^2\beta^2}{kT} \frac{0.25 + 0.074975x + 0.075235x^2}{1.0 + 0.9931x + 0.172135x^2 + 0.756825x^3} \quad (4.13)$$

$S = 1/2$ のスピン間に強磁性的相互作用が働いている場合は, Baker の次式を用いて交換相互作用の大きさを見積もることができる [3].

$$\chi = Ng^2\beta^2 \left[\frac{1 + \mathrm{A}x + \mathrm{B}x^2 + \mathrm{C}x^3 + \mathrm{D}x^4 + \mathrm{E}x^5}{1 + \mathrm{F}x + \mathrm{G}x^2 + \mathrm{H}x^3 + \mathrm{I}x^4} \right]^{2/3} \quad (4.14)$$

$$x = |J|/2kT$$

係数は原著を参照されたい [3]. $S = 1/2$ が等間隔に並んでいない場合には, 次のスピン・ハミルトニアンを用いる.

$$\mathcal{H} = -2J \sum_i^{n/2} [S_{2i} \cdot S_{2i-1} + \alpha S_{2i} \cdot S_{2i+1}] \quad (4.15)$$

ここで $0 \leqq \alpha \leqq 1$ であり, $\alpha = 0$ は二量体モデルとなり, $\alpha = 1$ では Bonner-Fisher モデルとなる. この系についても次の近似解が得られている.

$$\chi = \frac{Ng^2\beta^2}{kT} \frac{A + Bx + Cx^2}{1 + Dx + Ex^2 + Fx^3} \quad (4.16)$$

$$x = |J|/2kT$$

係数は原著を参照されたい [4]. ただし係数は $0 < \alpha \leqq 0.4$ と $0.4 < \alpha < 1.0$ で異なる.

4.2.2 $S = 1$ より大きなスピンをもつ一次元化合物

スピン量子数が 1 より大きなスピンからなる一次元化合物につい

ては等方的スピンハミルトニアン（4.12 式）を用いて得られる以下
の Fisher の式を用いる [5].

$$\chi = \frac{Ng^2\beta^2 S(S+1)}{3kT}\frac{1-u}{1+u} \tag{4.17}$$
$$u = \frac{kT}{JS(S+1)} - \coth\left[\frac{JS(S+1)}{kT}\right]$$

4.2.3　異なるスピンが反強磁性的に並んだ一次元化合物

異なるスピン量子数 S_A と S_B が反強磁性的に一次元に並んだ系
の磁性については，スピンに揺らぎがない古典スピン系において以
下の式が提案されている [6]. それぞれの g 値を g_A と g_B とすると，
磁化率は次式で近似できる.

$$\chi = \frac{Ng^2\beta^2}{3kT}\left[g^2\frac{1+u}{1-u} + \delta^2\frac{1-u}{1+u}\right] \tag{4.18}$$

$$g = (g_A\left[S_A(S_A+1)\right]^{1/2} + g_B\left[S_B(S_B+1)\right]^{1/2})/2$$
$$\delta = (g_A\left[S_A(S_A+1)\right]^{1/2} - g_B\left[S_B(S_B+1)\right]^{1/2})/2$$
$$J^e = J\left[S_A(S_A+1)S_B(S_B+1)\right]^{1/2}$$
$$u = \coth\left(J^e/kT\right) - (kT/J^e)$$

ただし，式（4.18）は S が大きい時に成り立つ.

-----**メモ**---

　2つのスピン i と j が異方的相互作用をもつと，そのスピンハミルトニアンは

$$\mathcal{H} = -2\sum (J_x \boldsymbol{S}_{ix} \cdot \boldsymbol{S}_{jx+} + J_y \boldsymbol{S}_{iy} \cdot \boldsymbol{S}_{jy} + J_z \boldsymbol{S}_{iz} \cdot \boldsymbol{S}_{jz})$$

となる．ここで物質の磁気構造により以下のモデルが使われる．
Heisenberg モデル（磁気的相互作用が等方的）：

$$J = J_x = J_y = J_z$$
$$\mathcal{H} = -2J\boldsymbol{S}_i \cdot \boldsymbol{S}_j$$

Ising モデル（平面構造をもつ物質で，面内の相互作用がゼロ）：

$$J_x = J_y = 0$$
$$\mathcal{H} = -2J_z \boldsymbol{S}_{iz} \cdot \boldsymbol{S}_{jz}$$

ＸＹモデル（同じく平面構造をもつ物質で，面内の相互作用は等方的で垂直方向
の相互作用がゼロ）：

$$J = J_x = J_y$$
$$J_z = 0$$
$$\mathcal{H} = -2J(\boldsymbol{S}_{ix} \cdot \boldsymbol{S}_{jx+} + \boldsymbol{S}_{iy} \cdot \boldsymbol{S}_{jy})$$

4.3　Heitler-London のモデル

　Heitler-London の近似は水素分子の共有結合を交換エネルギー
でうまく説明した．磁性における交換相互作用を理解するうえでこ
のモデルを理解することは重要である．2つの水素原子aとbから

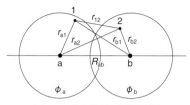

図 4.3 水素分子の原子軌道

なる水素分子の近似波動関数は原子軌道を $\phi_a(1)$ と $\phi_b(2)$ を用い

$$\psi(1,2) = C_1\phi_a(1)\phi_b(2) + C_2\phi_a(2)\phi_b(1) \tag{4.19}$$

と記述できる（図 4.3）.

水素分子は等核二原子分子なので $C_1^2 = C_2^2$ であるから，共有結合状態を表す次の対称近似波動関数（ψ_s）と反対称近似波動関数（ψ_a）をつくることができる.

$$\psi_s = \frac{1}{\sqrt{2+2S^2}}\left\{\phi_a(1)\phi_b(2) + \phi_a(2)\phi_b(1)\right\} \tag{4.20}$$

$$\psi_a = \frac{1}{\sqrt{2+2S^2}}\left\{\phi_a(1)\phi_b(2) - \phi_a(2)\phi_b(1)\right\} \tag{4.21}$$

ここで，S は重なり積分である．次にスピン波動関数は，2 つの水素原子軌道に α スピンと β スピンが入る組合せから，次の対称と反対称のスピン関数がつくられる.

$$\chi_s = \left\{\begin{array}{c} \alpha(1)\alpha(2) \\ \frac{1}{\sqrt{2}}\left\{\alpha(1)\beta(2) + \alpha(2)\beta(1)\right\} \\ \beta(1)\beta(2) \end{array}\right\} \tag{4.22}$$

$$\chi_a = \frac{1}{\sqrt{2}}\left\{\alpha(1)\beta(2) - \alpha(2)\beta(1)\right\} \tag{4.23}$$

χ_s は三重項（$S = 1$）の，χ_a は一重項（$S = 0$）のスピン関数である．全波動関数は反対称である必要があるから，

$$\Psi^1 = \psi_s \times \chi_a \qquad 一重項$$
$$\Psi^3 = \psi_a \times \chi_s \qquad 三重項$$

である．一重項と三重項のエネルギーを求める際はハミルトニアンにスピン座標が含まれないのでスピンを除いた波動関数を用いて計算する．

$$E^i = \iint \psi^{i*} \mathcal{H} \psi^{i*} d\tau_1 \, d\tau_2$$
$$\mathcal{H} = \frac{e^2}{r_{12}} - \frac{e^2}{r_{b1}} - \frac{e^2}{r_{a2}} + \frac{e^2}{R_{ab}} \tag{4.24}$$

ここで，ハミルトニアンは静電的な項だけを示している．一重項と三重項の全エネルギーは

$$E^1 = 2E_H + \frac{J + K}{1 + S^2} \quad (S = 0) \tag{4.25}$$

$$E^3 = 2E_H + \frac{J - K}{1 - S^2} \quad (S = 1) \tag{4.26}$$

となる．E_H は水素原子の電子エネルギー，S は重なり積分，クーロン積分 J は水素原子のイオン化エネルギー，交換積分 K は電子の非局在化による安定化エネルギーである．一重項と三重項のエネルギー差は

$$\Delta E = E^3 - E^1 = \frac{2(JS^2 - K)}{1 - S^4} \approx 2JS^2 - 2K \tag{4.27}$$

である．交換積分 K は常に正であるから，重なり積分 S がゼロのとき基底スピン状態は三重項になる．一重項と三重項のエネルギーを核間距離に対しプロットすると一重項のエネルギーは核間距離が R_0 で極小値をもつことがわかる（図 4.4）．

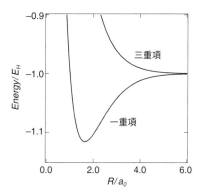

図 4.4　水素分子の一重項と三重項のエネルギー，a_0 はボーアの半径

4.4　ゼロ磁場分裂

$S = 1$ 以上のスピン状態では，個々の電子スピンが他の電子スピンがつくる磁場の影響を受けるため，磁場が存在しなくてもその縮退は解ける．これをゼロ磁場分裂とよび，スピンハミルトニアンは磁場とゼロ磁場の和になる．

$$\mathcal{H} = g\beta \boldsymbol{H}\boldsymbol{S} + \boldsymbol{S} \cdot \boldsymbol{D} \cdot \boldsymbol{S} \tag{4.28}$$

$\boldsymbol{D}$ はゼロ磁場テンソルとよばれる対称テンソルであり，有効ハミルトニアンは

$$\boldsymbol{S} \cdot \boldsymbol{D} \cdot \boldsymbol{S} = D_{XX}\boldsymbol{S}_x^2 + D_{YY}\boldsymbol{S}_y^2 + D_{ZZ}\boldsymbol{S}_z^2 \tag{4.29}$$

である．D_{XX}, D_{YY}, D_{ZZ} はテンソルの対角項で，

$$\boldsymbol{S}_x^2 - \boldsymbol{S}_y^2 = \frac{1}{2}(\boldsymbol{S}_+ \cdot \boldsymbol{S}_+ + \boldsymbol{S}_- \cdot \boldsymbol{S}_-)$$

$$D_{XX} + D_{YY} + D_{ZZ} = 0$$

$$D = D_{ZZ} - \frac{1}{2}(D_{XX} + D_{YY})$$

$$E = \frac{1}{2}(D_{XX} - D_{YY})$$

を用いると，

$$\boldsymbol{S} \cdot \boldsymbol{D} \cdot \boldsymbol{S} = D_{ZZ}\boldsymbol{S}_z^2 + (D_{XX} - D_{YY})(\boldsymbol{S}_+ \cdot \boldsymbol{S}_+ + \boldsymbol{S}_- \cdot \boldsymbol{S}_-)/4$$
$$+ (D_{XX} + D_{YY})(\boldsymbol{S}_+ \cdot \boldsymbol{S}_- + \boldsymbol{S}_- \cdot \boldsymbol{S}_+)/4$$

あるいは

$$\boldsymbol{S} \cdot \boldsymbol{D} \cdot \boldsymbol{S} = \ = D\left[\boldsymbol{S}_z^2 - \frac{1}{3}S(S+1)\right] + E(\boldsymbol{S}_x^2 - \boldsymbol{S}_y^2) \quad (4.30)$$

とかける．よってスピンハミルトニアンは次式になる．

$$\mathcal{H} = g\beta\boldsymbol{H}\boldsymbol{S} + D\left[\boldsymbol{S}_z^2 - \frac{1}{3}S(S+1)\right] + E(\boldsymbol{S}_x^2 - \boldsymbol{S}_y^2) \quad (4.31)$$

電子スピンは主軸を中心に歳差運動しているので，高磁場近似ではスピンの x 軸と y 軸成分は等しく，式 (4.30) の第二項はゼロになる．磁場が z 軸と x 軸に平行のときスピンハミルトニアンは

$$\mathcal{H}_z = g_z\beta H_z\boldsymbol{S}_z + D\left[\boldsymbol{S}_z^2 - \frac{1}{3}S(S+1)\right] \quad (4.32)$$

$$\mathcal{H}_x = g_x\beta H_x\boldsymbol{S}_x + D\left[\boldsymbol{S}_z^2 - \frac{1}{3}S(S+1)\right] \quad (4.33)$$

と表せる．例として，三重項状態 $S = 1$ のゼロ磁場分裂エネルギーを求めてみる．高磁場近似でのスピンハミルトニアンを用い，それぞれの磁場方向での行列式と解を以下に示す．

磁場が z 軸に平行な場合

$$
\begin{array}{c|ccc}
 & |1,1\rangle & |1,0\rangle & |1,-1\rangle \\
\hline
\langle 1,1| & g_z\beta H_z + D & 0 & 0 \\
\langle 1,0| & 0 & 0 & 0 \\
\langle 1,-1| & 0 & 0 & -g_z\beta H_z + D
\end{array}
$$

$$W_z(1) = 0 \tag{4.34}$$

$$W_z(2) = g_z\beta H_z + D \tag{4.35}$$

$$W_z(3) = g_z\beta H_z - D \tag{4.36}$$

x 軸に平行な場合

$$
\begin{array}{c|ccc}
 & |1,1\rangle & |1,0\rangle & |1,-1\rangle \\
\hline
\langle 1,1| & D & \sqrt{2}g_x\beta H_x/2 & 0 \\
\langle 1,0| & \sqrt{2}g_x\beta H_x/2 & 0 & \sqrt{2}g_x\beta H_x/2 \\
\langle 1,-1| & 0 & \sqrt{2}g_x\beta H_x/2 & D
\end{array}
$$

$$W_x(1) = D \tag{4.37}$$

$$W_x(2) = \left(\sqrt{4g_x^2\beta^2 H_x^2 + D^2} + D\right)/2 \tag{4.38}$$

$$W_x(3) = \left(-\sqrt{4g_x^2\beta^2 H_x^2 + D^2} + D\right)/2 \tag{4.39}$$

三重項の磁場によるエネルギー分裂の様子を磁場が z 軸と x 軸に平行な場合について図 4.5 に示す.

なお, $|D|$ が $g_z\beta H_z$ より大きいとエネルギーは以下のように近似

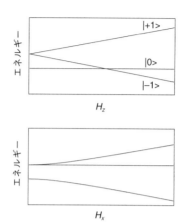

図 4.5 三重項状態の磁場によるエネルギー分裂

できる.

$$W_x(1) = D \tag{4.40}$$

$$W_x(2) = -g_x^2\beta^2 H_x^2 / D \tag{4.41}$$

$$W_x(3) = D + g_x^2\beta^2 H_x^2 / D \tag{4.42}$$

対称性が低い分子や高磁場近似が成り立たない場合は，式 (4.31) の
スピンハミルトニアンを用い，以下の行列式から固有値を求める.

$$\begin{vmatrix} \frac{D}{3} + g_z\beta H_z & g_z\beta\left(\frac{H_x - iH_y}{\sqrt{2}}\right) & E \\ g_z\beta\left(\frac{H_x + iH_y}{\sqrt{2}}\right) & -\frac{2}{3}D & g_z\beta\left(\frac{H_x - iH_y}{\sqrt{2}}\right) \\ E & g_z\beta\left(\frac{H_x + iH_y}{\sqrt{2}}\right) & D/3 \end{vmatrix} = 0$$

磁場が z 軸に平行な場合の解は，

$$W_z(1) = -(2/3)D \tag{4.43}$$

$$W_z(2) = \frac{D}{3} - \sqrt{E^2 + g_z^2\beta^2 H_z^2} \tag{4.44}$$

$$W_z(3) = \frac{D}{3} + \sqrt{E^2 + g_z^2\beta^2 H_z^2} \tag{4.45}$$

x 軸に平行な場合

$$W_x(1) = \frac{(-D+3E)}{6} - \sqrt{\{(D+E)/2\}^2 + g_x^2\beta^2 H_x^2} \tag{4.46}$$

$$W_x(2) = \frac{(D-3E)}{3} \tag{4.47}$$

$$W_x(3) = \frac{(-D+3E)}{6} + \sqrt{\{(D+E)/2\}^2 + g_x^2\beta^2 H_x^2} \tag{4.48}$$

y 軸に平行な場合

$$W_y(1) = \frac{(-3E-D)}{6} - \sqrt{\{(D-E)/2\}^2 + g_y^2\beta^2 H_y^2} \tag{4.49}$$

$$W_y(2) = \frac{(-3E-D)}{6} + \sqrt{\{(D-E)/2\}^2 + g_y^2\beta^2 H_y^2} \tag{4.50}$$

$$W_y(3) = \frac{(D+3E)}{3} \tag{4.51}$$

となる. ゼロ磁場分裂定数 D と E は ESR (電子スピン共鳴) 分光法により決定することができ, 常磁性分子の対称性についての情報を与える. 立方対称の分子は $D = E = 0$ であり, $D \neq 0$, $E = 0$ は 3 回対称以上の対称性, $D \neq 0$, $E \neq 0$ は低い対称性をもつ分子である.

---メモ--------------------------------------

$$\boldsymbol{\mathcal{H}}_x = g_x\beta H_x \boldsymbol{S}_x + D\left[\boldsymbol{S}_z^2 - \frac{1}{3}S(S+1)\right]$$

$$= \frac{g_x\beta H_x}{2}(\boldsymbol{S}_+ + \boldsymbol{S}_-) + D\left[\boldsymbol{S}_z^2 - \frac{1}{3}S(S+1)\right]$$

$$S_\pm = S_x \pm iS_y$$

$$\langle m_s | S_z | m_s \rangle = m_s$$

$$\langle m_s \pm 1 | S_\pm | m_s \rangle = [S(S+1) - m_s(m_s \pm 1)]^{1/2}$$

4.5 分子間の弱い磁気的相互作用

固体において個々の分子は電子的に孤立しているとしても，隣り合う分子は磁気双極子相互作用などの弱い相互作用により磁気的な影響を与える．このような弱い磁気的相互作用のスピンハミルトニアンは分子場近似を用いる．

$$\mathcal{H} = g\beta S_z \cdot H - zJ\langle S_z \rangle S_z \tag{4.52}$$

$\langle S_z \rangle$ は隣のスピンがつくる磁場（スピン演算子 S_z の平均値）であり，z は隣接原子の数，J は交換相互作用である．分子場近似では，まわりの S_j の平均値を $\langle S \rangle = \sum_j S_j/N$ とし，z 成分だけを考慮し g 値は等方的と仮定する．その固有値は

$$E(S, M_s) = M_s(g\beta S_z \cdot H - zJ\langle S_z \rangle) \tag{4.53}$$

である．$\langle S_z \rangle$ は次式のようにボルツマン分布則により求めることができる．

$$\langle S_z \rangle = \frac{\displaystyle\sum_{M_s=-S}^{S} M_s \exp\left[-E(S, M_S)/kT\right]}{\displaystyle\sum_{M_s=-S}^{S} \exp\left[-E(S, M_S)/kT\right]} \tag{4.54}$$

さらに, exp の項を 1 次まで展開すると

$$\langle S_z \rangle = \frac{S(S+1)g\beta H}{3kT - zJS(S+1)} \tag{4.55}$$

となる. よって磁化 M と磁化率 χ は

$$M = -Ng\beta\langle S_z \rangle$$

$$\chi = \frac{\partial M}{\partial H} = \frac{Ng^2\beta^2 S(S+1)}{3kT - zJS(S+1)} \tag{4.56}$$

となる. ここで,

$$\theta = \frac{zJS(S+1)}{3k}$$

とすると, 式 (4.56) はキュリー・ワイスの式を与える.

$$\chi = \frac{C}{T - \theta}$$

C はキュリー定数, θ はワイス温度である.

4.6 磁気異方性

単結晶の磁性体を測定すると, 印加する磁場の方向でその磁化が異なることがある. このことは磁場と磁気モーメントの向きにより内部エネルギーが異なることを示している. このような異方性は磁性イオンの異方性や磁気双極子相互作用, 異方的交換相互作用, 反対称相互作用に由来する [7]. $S > 1/2$ の場合, 磁性イオンの異方性は結晶場により基底状態の波動関数が変形することにより生じる. すなわちスピン軌道相互作用によりスピンはある方向に向きやすくなる.

4.6.1 磁気双極子相互作用

磁気双極子相互作用は 2 つのスピン間の距離（r）の 3 乗に逆比例し，スピン間にはその位置と向きにより引力あるいは斥力が働く．磁気モーメントを $\boldsymbol{\mu} = g\mu_B \boldsymbol{S}$ とすると磁気双極子相互作用は

$$H = \frac{\boldsymbol{\mu}_1 \cdot \boldsymbol{\mu}_2}{r_{12}{}^3} - \frac{(\boldsymbol{\mu}_1 \cdot \boldsymbol{r}_{12})(\boldsymbol{\mu}_2 \cdot \boldsymbol{r}_{12})}{r_{12}{}^5} \tag{4.57}$$

と表せる（太字はベクトル）．（4.57）の第二項より，それぞれの磁気モーメントが $\boldsymbol{r}_{12}$ 方向を向いているときにエネルギーは小さくなり，$\boldsymbol{r}_{12}$ 方向が磁化されやすい容易軸となる．正方格子のような結晶では，磁性イオンが対称性良く並んでいるため磁気異方性は小さく，異方性エネルギーは角度に依存しない．

4.6.2 異方的交換相互作用

異方的交換相互作用はスピン軌道相互作用により交換相互作用が等方的でなくなることで生じる．スピン軌道相互作用によりスピンの向きに応じて軌道電流が生じる．このため電子雲が変形し，電子雲の重なりが異方的になる（図 4.6）．この異方的な交換相互作用により 2 つのスピン S_1 と S_2 間にエネルギー（H_{AE}）が生じる．

$$H_{\mathrm{AE}} = -2 \sum_{\mu,\nu} S_{1\mu} J_{\mu\nu} S_{2\nu} \tag{4.58}$$

スピン軌道相互作用による電子雲の変形は $|\lambda/\Delta E|^2$ 程度であり（λ

図 4.6 スピン軌道相互作用による電子雲の変形（矢印はスピン）

はスピン軌道相互作用定数，ΔE は結晶場による最低軌道状態と励起状態のエネルギー差），異方性の大きさはおおよそ $|\lambda/\Delta E|^2 J$ で与えられる（J は等方的な交換相互作用の大きさ）．

4.6.3　反対称相互作用（DM 相互作用）

　通常の交換相互作用ではスピンは平行あるいは反平行の配置でエネルギーは最低になる．Dzyaloshinsky は結晶の対称性から磁性イオン間に $J_{\mu\nu} = -J_{\nu\mu}$ を満たす反対称相互作用（Dzyaloshinsky-Moriya（DM）相互作用）があることを指摘し [8]，弱強磁性体においては必ずしもスピンが完全に反平行にならず，わずかに傾いても良いことを示した．反対称相互作用は 2 つのスピンベクトルの外積で記述することができる．

$$H_{\mathrm{DM}} = \boldsymbol{D} \cdot [\boldsymbol{S}_1 \times \boldsymbol{S}_2] \tag{4.59}$$

$\boldsymbol{D}$ はベクトルである．スピンを古典的なベクトルと近似し，2 つのスピンベクトルのなす角度を θ とすると，そのエネルギーは

$$E_{\mathrm{DM}} = DS_1 S_2 \sin\theta \tag{4.60}$$

で表せる．この式から 2 つのスピンが平行（$\theta = 0$）あるいは反平行（$\theta = \pi$）な配列は，DM 相互作用によりそのエネルギーは極小にはなりえないことがわかる．交換相互作用はスピンの内積に比例するので（$-2J_{12}S_1 S_2 \cos\theta$），2 つのスピンは平行（$\theta = 0$）あるいは反平行（$\theta = \pi$）が安定な配置になる．しかし，DM 相互作用により反平行なスピン配列（$J < 0$）では $\theta < \pi$ となり，平行なスピン配列（$J > 0$）では $\theta > 0$ となる（図 4.7）．この反対称性相互作用はいつも存在するわけでなく，結晶の対称性に依存している．

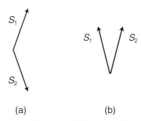

(a)　　　　　　　　(b)

図 4.7　交換相互作用により (a) 反強磁性的 ($\theta = \pi$) あるいは (b) 強磁性的 ($\theta = 0$) 配列をもつ 2 つのスピンは, DM 相互作用により θ は (a) では π より小さく, (b) では 0 より大きくなる.

4.7　磁気的相互作用の発現機構

4.7.1　配置間相互作用

　強磁性的あるいは反強磁性的相互作用は, 不対電子が入っている軌道 (磁気的軌道) の対称性とその相対的配置により決まる. 4.3 節で Heitler-London のモデルにより二中心二電子系の一重項状態と三重項状態のエネルギーが, 重なり積分と交換積分により決まることを示した. しかし, 電子状態やエネルギーをより正確に論じるには, 基底配置 (GC: ground configuration) だけを考えるだけでは不十分であり, 電子が励起した電荷移動配置 (CTC: charge transfer configuration) との配置間相互作用を考慮する必要がある (図 4.10).

　二中心二電子系の電子状態について考えてみる. A サイトの軌道 ϕ_a と B サイトの軌道 ϕ_b にそれぞれ電子 1 と 2 がある. 基底一重項 ($^1\mathrm{GC_g}$) と基底三重項 ($^3\mathrm{GC_u}$) は次の配置をもち (図 4.8), 磁気的交換相互作用がないとエネルギーは等しい.

　$^1\mathrm{GC_g}$ と $^3\mathrm{GC_u}$ の波動関数の軌道部分は

$$^1\mathrm{GC_g} = \frac{1}{\sqrt{2}}(\phi_a(1)\phi_b(2) + \phi_a(2)\phi_b(1))$$

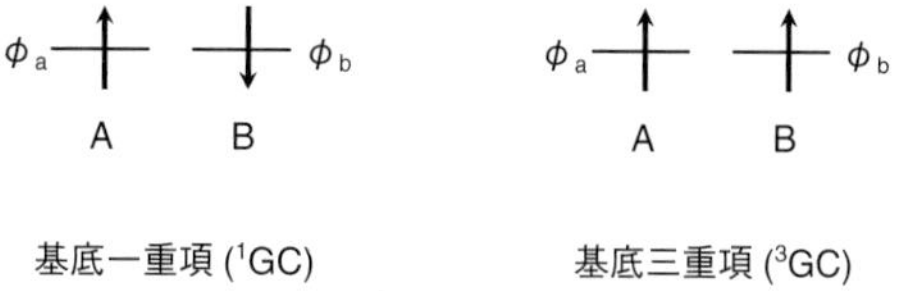

基底一重項 (¹GC)　　　　　基底三重項 (³GC)

図 4.8　二中心二電子系の基底状態の電子配置

$$^3\mathrm{GC_u} = \frac{1}{\sqrt{2}}(\phi_a(1)\phi_b(2) - \phi_a(2)\phi_b(1))$$

であり，一重項は対称関数（g），三重項は反対称関数（u）である．
交換相互作用があるときの一重項状態と三重項状態のエネルギーを
次のハミルトニアンで求める．

$$\mathcal{H} = h(1) + h(2) + \frac{e^2}{r_{12}} \tag{4.61}$$

$h(1)$ と $h(2)$ は電子のポテンシャルエネルギー，$\frac{e^2}{r_{12}}$ は静電反発項で
ある．基底一重項（$^1\mathrm{GC_g}$）と基底三重項（$^3\mathrm{GC_u}$）のエネルギーは

$$E(^1\mathrm{GC_g}) = (2\alpha + 2\beta S_{ab} + j + k)/(1 + S_{ab}{}^2) \tag{4.62}$$

$$E(^3\mathrm{GC_u}) = (2\alpha - 2\beta S_{ab} + j - k)/(1 - S_{ab}{}^2) \tag{4.63}$$

と求められる．$S_{ab}{}^4 \ll 1$ とすると基底三重項と基底一重項のエネ
ルギー差は

$$E(^3\mathrm{GC_u}) - E(^1\mathrm{GC_g}) = -2k - 4\beta S_{ab} + 2(2\alpha + j)S_{ab}{}^2 \tag{4.64}$$

になる．必要な積分を以下に示す．

$$S_{ab} = \langle \phi_a(1)|\phi_b(2)\rangle$$

$$\alpha = \langle \phi_a(1)|h(1)|\phi_a(1)\rangle = \langle \phi_b(2)|h(2)|\phi_b(2)\rangle$$

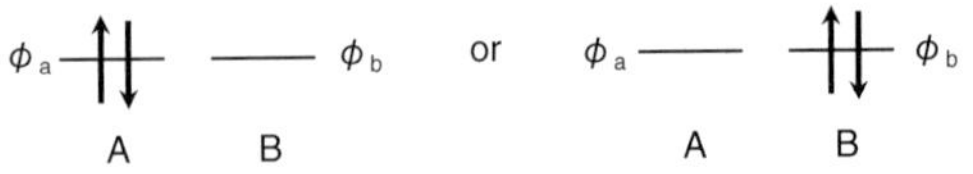

電荷移動一重項 (^{1}CTC)

図 4.9 電荷移動した一重項の配置

$$\beta = \langle \phi_a(1)|h(1)|\phi_b(1)\rangle = \langle \phi_b(2)|h(2)|\phi_a(2)\rangle$$

$$j = \left\langle \phi_a(1)\phi_b(2) \left| \frac{e^2}{r_{12}} \right| \phi_a(1)\phi_b(2) \right\rangle$$

$$k = \left\langle \phi_a(1)\phi_b(2) \left| \frac{e^2}{r_{12}} \right| \phi_a(2)\phi_b(1) \right\rangle$$

次に，B（あるいは A）の電子が片方の A（あるいは B）の軌道に一電子移動した一中心二電子配置（図 4.9）の軌道部分（^{1}CTC$_g$ と ^{1}CGC$_u$）は

$$^1\text{CTC}_g = \frac{1}{\sqrt{2}}(\phi_a(1)\phi_a(2) + \phi_b(1)\phi_b(2))$$

$$^1\text{CTC}_u = \frac{1}{\sqrt{2}}(\phi_a(1)\phi_a(2) - \phi_b(1)\phi_b(2))$$

で表すことができる．ここで基底一重項（^{1}GC$_g$）は対称性が同じ一電子移動した（^{1}CTC$_g$）との配置間相互作用により安定化する（図 4.10c）．この場合，一電子移動した状態はパウリの排他原理により一重項しかなく，基底三重項（^{3}GC$_u$）は配置間相互作用による摂動を受けない．基底状態（GC）と一電子励起配置（CTC）のエネルギー差を U とすると，^{3}GC$_u^*$ と ^{1}GC$_g^*$ のエネルギー差は次式で表せる．

$$E(^3\mathrm{GC}^*) - E(^1\mathrm{GC}^*)$$

$$= -2k - 4\beta S_{\mathrm{ab}} + 2(2\alpha - j)S_{\mathrm{ab}}^2 + \frac{4\left[\beta + l - (\alpha + j + k)S_{\mathrm{ab}}^2\right]^2}{U} \tag{4.65}$$

$$U = \left(\left\langle \phi_{\mathrm{a}}(1)\phi_{\mathrm{b}}(2)\left|\frac{e^2}{r_{12}}\right|\phi_{\mathrm{a}}(1)\phi_{\mathrm{b}}(2)\right\rangle\right.$$
$$\left. - \left\langle \phi_{\mathrm{a}}(1)\phi_{\mathrm{a}}(2)\left|\frac{e^2}{r_{12}}\right|\phi_{\mathrm{a}}(1)\phi_{\mathrm{a}}(2)\right\rangle - \frac{e^2}{R_{\mathrm{ab}}}\right)/(1 - S_{\mathrm{ab}}^2)$$
$$l = \left\langle \phi_{\mathrm{a}}(1)\phi_{\mathrm{b}}(2)\left|\frac{e^2}{r_{12}}\right|\phi_{\mathrm{b}}(1)\phi_{\mathrm{b}}(2)\right\rangle$$

$S_{\mathrm{ab}}^2(\approx 0)$ が小さく弱い相互作用の場合，三重項と一重項のエネルギー差は次のように近似できる.

$$J = 2k + 4\beta S_{\mathrm{ab}} - \frac{4(\beta + l)^2}{U} \tag{4.66}$$

図 4.10 に二電子間の反強磁性的相互作用によるスピン状態のエネルギー準位図を示す. 式 (4.66) は磁気的相互作用について重要な知見を与える. 交換積分 k は常に正であり $4\beta S_{ab}$ は負であるから，強磁性的相互作用 ($J > 0$) は交換積分により，反強磁性的相互作用は重なり積分 S_{ab} と部分的な電荷移動により安定化することがわかる. S_{ab} が大きく U が小さいほど反強磁性的相互作用は大きくなる.

一方，強磁性的相互作用では基底三重項を安定させるために安定な励起三重項状態が必要である. 図 4.11 に二重縮退した軌道に 1 つの不対電子もつ A と縮退のない軌道に不対電子をもつ B が相互作用する場合を示す. 配置間相互作用がないと基底一重項 ($^1\mathrm{GC}$) と基底三重項 ($^3\mathrm{GC}$) は同じエネルギーをもつ. 基底三重項 ($^3\mathrm{GC}$)

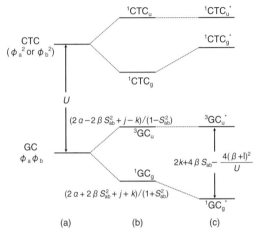

(a)　　　　　　　(b)　　　　　　　(c)

図 4.10　一重項と三重項のエネルギー準位
　　　　スピン同士に(a)相互作用がないと ^3GC と ^1GC のエネルギーは等しい，(b)交換相互作用，(c)交換相互作用と配置間相互作用．

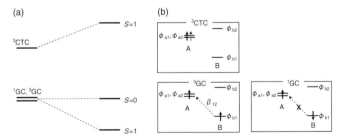

図 4.11　(a)強磁性的相互作用をもたらす配置間相互作用，(b)一電子および二電子移動した三重項と一重項の電子配置(点線は電子移動)．^1GTC はフント則により不安定化している．

はBからAへ一電子移動した一電子励起配置（^{3}CTC）との配置間相互作用により J だけ安定化する.

$$J = \frac{4\beta_{12}^2 K}{U^2 - K^2} \tag{4.67}$$

ここで，励起一重項（^{1}CTC）は，A が二重縮退した軌道をもつので B→A への電子移動は不利になり（フント則）不安定化している. その結果，基底一重項（^{1}GC）と ^{1}CTC の配置間相互作用は非常に小さくなる.

4.7.2 超交換相互作用

金属多核錯体における磁気的相互作用は，d 電子どうしの直接的な相互作用より架橋イオンや架橋配位子を通した超交換相互作用を考える必要がある. Goodenough-Kanamori は架橋イオンから金属イオンへ電荷移動相互作用により磁気的相互作用を説明した. ここでは 2 つの金属イオンが X で架橋された複核錯体（M-X-M）を例にとり説明する. ここで上向きと下向きのスピンをそれぞれ α スピンと β スピンとする. 同じ金属イオンが結合角 180° で架橋された複核錯体（Ma1-X-Ma2）では，X の p_x 軌道から β スピンをもつ電子が左の金属イオン（Ma1）の不対電子（α スピン）をもつ $d_{x^2-y^2}$ 軌道に部分的に移動（電荷移動）し，同じ p_x 軌道の α スピンは左側の金属イオン（Ma2）の $d_{x^2-y^2}$ 軌道に電荷移動する. その結果，2 つの金属イオン間には反強磁性的相互作用が働く（図 4.12a）. 同じ金属イオンが結合角 90° で架橋された複核錯体（Ma1-X-Ma2）では，X の p_x 軌道から β スピンをもつ電子が左の金属イオン（Ma1）の不対電子（α スピン）をもつ $d_{x^2-y^2}$ 軌道に部分的に移動（電荷移動）するが，X の p_x 軌道と直交した p_y 軌道から β スピンが右下の金属イオン（Ma2）の $d_{x^2-y^2}$ 軌道に電荷移動することで強磁性的配置

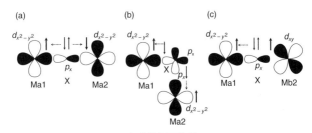

図 4.12　金属複核錯体における超交換相互作用
　　　　(a)同核複核錯体の反強磁性的相互作用，(b)同核複核錯体の強磁性的
　　　　相互作用（偶然直交），(c)異核複核錯体の強磁性的相互作用（厳密直
　　　　交）．点線矢印は電荷移動．

が達成される（図 4.12b）．その結果，2 つの金属イオン間には強磁
性的相互作用が働く．これを偶然直交（accidental otrhogonality）
とよぶ．次に，それぞれ直交した軌道にスピンをもつ金属イオンが
180° で架橋された錯体（Ma1-X-Mb2）では，p_x 軌道から β スピ
ンをもつ電子が左の金属イオン（Ma1）の α スピンがある $d_{x^2-y^2}$
軌道へは電荷移動するが，この p_x 軌道は右の金属イオン（Mb2）
の d_{xy} 軌道と直交するため電荷移動は起こらず，2 つの金属イオン
間に強磁性的相互作用が働く（図 4.12c）．これを厳密直交（strict
orthogonality）とよぶ．

┌─メモ─────────────────────────────────
│
│　金属多核錯体における分子内と分子間の磁気的相互作用は反強磁性的である場
│　合が多い．これは不対電子の軌道が重なることで弱い結合を作るほうが安定なた
│　めである．常磁性化学種間に強磁性的相互作用をもたせるには，次のことを考慮
│　した分子設計が必要である．
│
│(a)　厳密直交性：直交した磁気軌道をもつ金属イオンを選ぶ．Cu^{II} と V^{IV} イオ
│　　　ンからなる複核錯体における磁気軌道（d_σ と d_π）の直交性 [1].
└─────────────────────────────────────

（b） 偶然直交性：金属イオンを 90° で架橋する．キュバン型構造をもつアルコキソ架橋 [M_4^{II}] 錯体 [2].

（c） 配置間相互作用：常磁性分子が縮退した軌道をもつ．デカメチルフェロセンと TCNE の電荷移動錯体（[$Fe^{III}(cp^*)_2$][TCNE]）におけるフェロセンの二重縮退した SOMO から TCNE への電子移動による強磁性的相互作用．この錯体は $T_c = 4.8\,\mathrm{K}$ の分子強磁性体でもある [3].

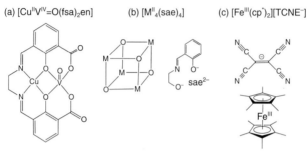

(a) [$Cu^{II}V^{IV}=O(fsa)_2en$] (b) [$M_4^{II}(sae)_4$] (c) [$Fe^{III}(cp^*)_2$][$TCNE^-$]

強磁性的相互作用をもつ金属錯体 （a） Cu(II) と V(IV)＝O イオンの d 軌道厳密直交， （b） 4 つの金属イオンが 90° で架橋された軌道の偶然直交， （c） 縮退した SOMO をもつ [$Fe^{III}(cp^*)_2$] とラジカルアニオン電荷移動錯体における配置間相互作用

【参考文献】

[1] P. de Loth, P. Karafiloglou, J. P. Daudey, O. Kahn : *J. Am. Chem. Soc.*, **110**, 5676 （1988）.

[2] H. Oshio, N. Hoshino, T. Ito : *J. Am. Chem. Soc.*, **122**, 12602 （2000）.

[3] J. S. Miller, J.C. Calabrese, H. Romelmann, S. R. Chittipeddi, J. H. Zhang, W. M. Reif, A. J. Epstein: *J. Am. Chem. Soc.*, **109**, 769 （1987）.

4.8 混合原子価錯体の磁性

4.8.1 混合原子価状態の分類

　異なる酸化数の金属イオンからなる混合原子価錯体は金属イオン間の電子的相互作用の強さにより 3 つに分類できる [9].

　　クラス I：金属イオン間の電子的相互作用が極めて弱く，原子価電子は金属イオンに局在化する．磁気的相互作用は非常に弱い．

　　クラス II：金属イオン間に中程度の電子的相互作用があり原子価電子は部分的に非局在化する．金属イオンの d 電子配置と金属イオンの相対的な配置により強磁性的あるいは反強磁性的相互作用がはたらく．

　　クラス III：金属イオン間の相互作用が極めて強いため原子価電子は非局在化する．金属イオンは平均酸化数をもち，二重交換相互作用による強磁性的相互作用がはたらく．

　ここでは配位子 L で架橋された混合原子価複核錯体（$[M_A - M_B]^+$）の電子状態について考察する．電子が片方の金属イオンにある状態の波動関数をそれぞれ Ψ_A（$[M_A^+ - M_B]$）と Ψ_B（$[M_A - M_B^+]$）とする．混合原子価状態（$[M_A - M_B]^+$）の波動関数は

$$\Psi_+ = \sqrt{(1 - \alpha^2)}\Psi_A + \alpha\Psi_B \tag{4.68}$$

$$\Psi_- = \sqrt{(1 - \alpha^2)}\Psi_A - \alpha\Psi_B \tag{4.69}$$

である．ここで α は電子の非局在化の程度を表す．

$$\alpha = \frac{|H_{AB}|}{(H_{BB} - H_{AA})}$$

$$H_{AA} = \langle \Psi_A | \mathcal{H} | \Psi_A \rangle$$

$$H_{BB} = \langle \Psi_B | \mathcal{H} | \Psi_B \rangle$$

$$H_{AB} = \langle \Psi_A | \mathcal{H} | \Psi_B \rangle$$

原子価電子が片方の金属イオンに局在化するクラス I では $\alpha^2 = 0$ であり，電子が非局在化しているクラス III では $\alpha^2 = 0.5$ となる．$[M_A^+ - M_B]$ と $[M_A - M_B^+]$ の状態エネルギーは，以下の永年方程式から求めることができる．

$$\begin{vmatrix} H_{AA} - E & H_{AB} \\ H_{AB} & H_{BB} - E \end{vmatrix} = 0$$

$$E_{\pm} = \frac{(H_{AA} + H_{BB}) \pm \sqrt{(H_{AA} - H_{BB})^2 + 4H_{AB}^2}}{2} \tag{4.70}$$

Ψ_A $([M_A^+ - M_B])$ と Ψ_B $([M_A - M_B^+])$ のポテンシャルエネルギー（H_{AA} と H_{BB}）を二次関数で表し，M_A と M_B が同じ金属イオンとした場合のクラス I, II, III のポテンシャル曲線を図 4.13 に示す．クラス I では 2 つのポテンシャル曲線は交差する（図 4.13a）．金属イオンの相互作用（H_{AB}）が比較的大きなクラス II では，M_A と M_B の波動関数は混じり合うことで基底状態は二極小ポテンシャルをもち，基底状態と励起状態で電荷移動吸収（$h\nu$）を観測することができる（図 4.13b）．クラス III では，原子価電子は 2 つの金属イオンに非局在化する（図 4.13c）．

4.8.2 クラス III 混合原子価状態における二重交換相互作用

クラス II の混合原子価状態にある金属錯体では，金属イオン間の磁気的相互作用は不対電子がある軌道の対称性とその相対的配置により強磁性的あるいは反強磁性的になる．クラス III 混合原子価金属錯体では原子価電子は金属イオンに非局在化するため二重交換相

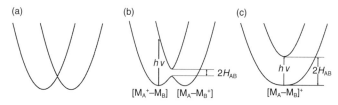

図 4.13　混合原子価二核錯体のポテンシャル曲線.
(a)クラス I,　(b)クラス II,　(c)クラス III.

互作用（double exchange interaction）[10] による強い強磁性的相
互作用が働く. このためクラス I やクラス II 混合原子価錯体の磁性
は Heisenberg モデルで表すことができるが, クラス III では電子
の非局在化による効果を考慮する必要がある. 対称な構造をもつク
ラス III 混合原子価二核錯体を例にとると, 原子価電子は 2 つの金
属イオンに等価に存在するので状態 $[M_1^+ - M_2]$ と $[M_1 - M_2^+]$ は二
重縮退している. ここで, 軌道間の相互作用により分光学的基底状
態（symmetric (+)）と励起状態（antisymmetric (−)）に縮退は
解け（図 4.13c）, それぞれのエネルギーは

$$E_\pm = -JS(S+1) \pm B\left(S + \frac{1}{2}\right) \tag{4.71}$$

で表される. $E_\pm$ はクラス III の 2 つのポテンシャルエネルギー曲
線の極小値に相当し, B は金属イオン間の電子的相互作用の大きさ
を表す二重交換パラメータ（double exchange parameter）である.
たとえば, Ni^{II}（$d^8 : S = 1$）と Ni^{III}（$d^7 : S = 1/2$）イオンが
z 軸方向から架橋されたクラス III 混合原子価錯体 $[Ni^{II}\text{-}Ni^{III}]$（正
確には $[Ni\text{-}Ni]^{5+}$）では（図 4.14a）, Ni イオンの d_{z^2} 軌道にある不
対電子は非局在化し全スピン量子数は $S_T = 1/2$ と $S_T = 3/2$ にな
る. 2 つの Ni イオン間に反強磁性的相互作用があると, Ni イオン

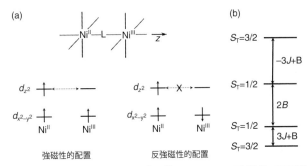

図 4.14 (a) クラス III 混合原子価 [Ni^{II}-Ni^{III}] 錯体と電子配置（点線は電子移動），
(b) 二重交換相互作用による各スピン状態のエネルギー準位

の d_{z^2} にある不対電子は 2 つの Ni イオン間を移動する度にスピン
を反転する必要がありエネルギー的に不利である．一方，強磁性的
な配置では，電子移動の度にスピンを反転する必要がない．このた
め基底スピン状態は $S_T = 3/2$ になる．式 (4.71) により求めた二
重交換相互作用によるエネルギー準位を図 4.14b に示す．また，金
属イオン間の電子的相互作用の大きさは次式で表せる．

$$2H_{AB} = 4B(= E_+(S_T = 3/2) - E_-(S_T = 3/2)) \qquad (4.72)$$

ただし，クラス III 混合原子価錯体においても，厳密には電子移動
前後で金属イオンの配位構造が異なるため，正確にエネルギー状態
を記述するには電子の局在化による構造変化（振電効果）を考慮す
る必要がある [11]．

文献

[1] A Package to Calculate the Energy Leves, "Bulk Magnetic Properties, and Inelastic Neutron Scattering Spectra of High Nuclearity Spin Clusters." : *J. Comp. Chem.* Vol.22, 9 (2001).

[2] J. C. Bonner, M.E. Fisher：*Phys. Rev.*, **135**, A640 (1964).

[3] G. A. Baker：*Phys. Rev.*, **135**, A1272 (1964).

[4] W. Duffy, K. P. Barr：*Phys. Rev.*, **165**, 647 (1968).

[5] M. E. Fisher：*Am. J. Phys.*, **32**, 343 (1964).

[6] M. Drillon *et al.*：*Phys. Rev. B*, **40**, 10992 (1989).

[7] 金森順次郎：新物理学シリーズ 7 磁性，培風館 (1969).

[8] I. Dzyaloshinsky：*J. Phys. Chem. Solid*, **4**, 241 (1958).

[9] M. B. Robin, P. Day：*Adv. Inorg. Chem. Radiochem.*, **10**, 247 (1967).

[10] C. M. Zener：*Phys. Rev.*, **82**, Issue 3, 403 (1951).

[11] G. Blondin, J.-J. Girerd：*Chemical Review*, **90**, 1359 (1990).

第 5 章

物理測定

5.1 磁化率

5.1.1 直流磁化率

　直流磁化率は物質に静磁場をかけて生じる磁化を測定する．磁気測定には磁気天秤を用い化合物に磁場をかけたとき生じる力を直接測定する Gouy 法と，ジョセフソン接合を使った超高感度磁気センサーをもつ SQUID（超伝導量子干渉計：superconducting quantum interference device）があり，現在は後者を用いるのが一般的である．研究対象である分子性常磁性化合物は配位子など反磁性物質を含む．反磁性物質は常磁性物質と逆向きの誘起磁場を生じるので，常磁性磁化率を求める際は測定データから反磁性の寄与を差し引く必要がある．反磁性モル磁化率（χ_{dia}）は反磁性原子磁化率（χ_i）と構造補正項（λ）の和で加成性が成り立つ．

$$\chi_{dia} = \sum_i n_i \chi_i + \sum \lambda \tag{5.1}$$

ここで，n_i は原子 i の数である．有機配位子などは直接反磁性磁化率を直接測定するのが正確であるが，文献 [1] に示すパスカルの定数や磁化率の値を用い反磁性補正するのが一般的である．

5.1.2 交流磁化率

　静磁場下で行う磁気測定に対し，交流磁化率は周期的に磁場を変化させながら磁化率を測定する．交流磁化率は量子磁石など熱活性型磁化反転（磁気緩和）の動的情報を得るには有効な測定手段である．単分子磁石のように活性化障壁を乗り越えてスピン反転する場合，観測される磁化率は交流磁場への応答が遅れる．交流磁化率は周期的に変動する外部磁場下での磁気的感受率のことで，以下の複素表示で表す．

$$\chi(\omega) = \chi'(\omega) - i\chi''(\omega) \tag{5.2}$$

　ここで ω は磁場の周波数 f に 2π を乗じた角振動数 $\omega \, (= 2\pi f)$，実部 χ' は交流磁場に追従する成分，虚部 χ'' は $90°$ 位相が遅れる成分である．周期的に変わる交流磁場に対し磁化率が熱平衡に達する時間を τ とすると，交流磁化率は磁化率が磁場変化に追随できる（$\omega\tau \gg 1$）ときの等温磁化率（χ_T）と追随できない（$\omega\tau \ll 1$）断熱磁化率（χ_S）で表すことができる．

$$\chi(\omega) = \chi_S + \frac{\chi_T - \chi_S}{1 + \omega\tau} \tag{5.3}$$

　これを実部と虚部に分けると次式となる．

$$\chi'(\omega) = \chi_S + \frac{\chi_T - \chi_S}{1 + \omega^2\tau^2} \tag{5.4}$$

$$\chi''(\omega) = \frac{(\chi_T - \chi_S)\omega\tau}{1 + \omega^2\tau^2} \tag{5.5}$$

実験データを解析する際は緩和時間の分布を表す分散係数 α を考慮した以下の式を用いる．$\alpha = 0$ ではスピン反転が 1 つの過程で起こる単緩和を示し，$\alpha = 1$ では分布は無限に広がっている [2]（図

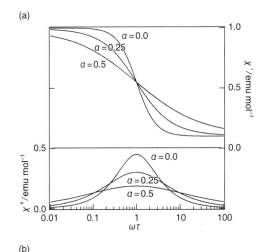

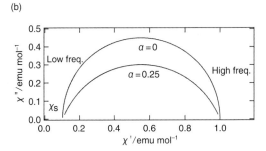

図 5.1　(a)交流磁化率の周波数依存性　($\chi_T = 1.0$, $\chi_S = 0.1$)，(b)Cole-Cole
プロット.

5.1a).

$$\chi'(\omega) = \chi_S + (\chi_T - \chi_S)\frac{1 + (\omega\tau)^{1-\alpha}\sin(\pi\alpha/2)}{1 + 2(\omega\tau)^{1-\alpha}\sin(\pi\alpha/2) + (\omega\tau)^{2-2\alpha}}$$

$$\chi''(\omega) = (\chi_T - \chi_S) \frac{(\omega\tau)^{1-\alpha} \cos(\pi\alpha/2)}{1 + 2(\omega\tau)^{1-\alpha} \sin(\pi\alpha/2) + (\omega\tau)^{2-2\alpha}}$$

$$\chi'' = \frac{\chi_T - \chi_S}{2\tan\left\{\frac{\pi}{2}(1-\alpha)\right\}}$$

$$+ \left[\left(\frac{\chi_T - \chi_S}{2}\right)^2 - \left[\frac{\chi_T - \chi_S}{2\tan\left\{\frac{\pi}{2}(1-\alpha)\right\}}\right] - \left(\chi' - \frac{\chi_T - \chi_S}{2}\right)^2 \right]^{1/2} \qquad (5.6)$$

交流磁化率の周波数依存性を図 5.1 (a) に示す. $\omega\tau = 1$ で χ'' は最大になる. χ' を χ'' に対してプロットすると Cole-Cole (Argand) プロットが得られる (図 5.1b). $\omega \to 0$ と $\omega \to \infty$ で χ' はそれぞれ χ'_T と χ_S になり, 磁気緩和過程が 1 つしかない Debye 型緩和 ($\alpha = 0$) では Cole-Cole プロットは半円になる.

単分子磁石のスピンが反転する時間 (磁気緩和時間) は温度に依存するので, χ'' を温度に対しプロットするとピークトップが周波数の減少とともに低温側にシフトする. スピン反転が熱活性型であるから, このピークトップ温度の逆数を交流磁場の周波数に対しアレニウス (Arrhenius) プロットすることで活性化エネルギー (ΔE) を見積もることができる.

$$\tau = \tau_0 \exp(\Delta E/kT) \qquad (5.7)$$

5.2　電子スピン共鳴法

電子スピン共鳴法 (ESR : electron spin resonance) は不対電子が磁場中に置かれた時に生じる準位間の遷移を観測する [3]. 電子スピンに基づく磁気モーメントは $g_e\mu_B \boldsymbol{S}$ で表せ, 磁場により $-S$, $-S+1, \ldots, S-1, S$ に縮退は解ける. これをゼーマン分裂とよぶ (図 5.2). ESR スペクトルは一定周波数のマイクロ波を照射しなが

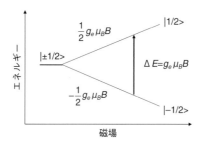

図 5.2 $S = 1/2$ のゼーマン分裂

表 5.1 ESR のマイクロ波周波数と磁場

	L バンド	S バンド	X バンド	K バンド	Q バンド	W バンド
ν（GHz）	0.8-1.2	3.4-3.8	9-10	24	34	94
$g = 2$ の磁場 (kG)	0.35	1.3	3.4	8.5	12.2	33.5

ら磁場を掃引し，マイクロ波のエネルギー（hν）がゼーマン分裂エネルギー（ΔE）に等しいと共鳴吸収が観測される．ESR では準位間のエネルギーの大きさに応じ，種々のマイクロ波を用いる．使用されるマイクロ波と磁場を表 5.1 に示す．

核スピンをもつ化学種では，スピンハミルトニアンは電子スピンと核スピンを含む．

$$\mathcal{H} = g_e \mu_B \boldsymbol{S}_z B_0 + a\boldsymbol{S} \cdot \boldsymbol{I} - g_N \mu_N \boldsymbol{I}_z B_0 \qquad (5.8)$$

第一項と第三項はゼーマン項で第二項は核スピンと電子スピンの相互作用を表し，エネルギーは次式になる．

$$E_{m_s, m_I} = g\mu_B m_S B_0 + am_S m_I - g_N \mu_N m_I B_0 \qquad (5.9)$$

水素原子（$|m_s, m_I\rangle = |1/2, 1/2\rangle$）を例にとると，スピン状態

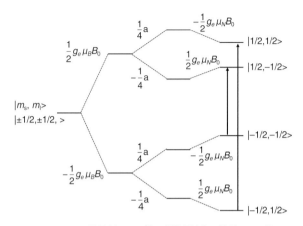

電子ゼーマン項　超微細結合　核ゼーマン項

図 5.3 磁場中の水素原子のエネルギー準位と電子スピン遷移

は $|1/2, 1/2\rangle$, $|1/2, -1/2\rangle$, $|-1/2, 1/2\rangle$, $|-1/2, -1/2\rangle$ であり，ESR の選択則（$\Delta m_s = \pm 1$ と $\Delta m_I = 0$）から許容遷移は $(-1/2, -1/2) \to |1/2, -1/2\rangle$）および（$|-1/2, 1/2\rangle \to |1/2, 1/2\rangle$）である．遷移エネルギーは

$$\Delta E = E_{1/2, m_I} - E_{-1/2, m_I} = g_e \mu_B m_S + a m_S m_I \quad (5.10)$$

で与えられる（図 5.3）．核スピンと電子スピンの相互作用の大きさを表す超微細相互作用定数は $A = a/g_e\mu_B$ である．

$S = 1$ 以上では個々の電子スピンが他の電子スピンのつくる磁場の影響を受けるため，スピンハミルトニアンは外部磁場とゼロ磁場の項の和となり，ESR スペクトルは複雑になる．

$$\mathcal{H} = g\beta \boldsymbol{H}\boldsymbol{S} + D\left[\boldsymbol{S}_z^2 - \frac{1}{3}S(S+1)\right] + E(\boldsymbol{S}_x^2 - \boldsymbol{S}_y^2) \quad (5.11)$$

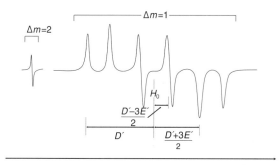

図 5.4 無秩序配向の三重項 ESR スペクトルと異方性パラメータ

たとえば，三重項（$S = 1$）の場合，ESR スペクトルの許容遷移（$\Delta m = 1$）の共鳴磁場より，4.4 節で求めたゼロ磁場分裂の式（4.43 〜4.51）から，次の磁気異方性パラメータ D と E を求めることができる．

$$H_x^2 = (g_e/g_x)^2 \left[(H_0 \pm D' \mp E')(H_0 \mp E')\right] \tag{5.12}$$

$$H_y^2 = (g_e/g_y)^2 \left[(H_0 \pm D' \mp E')(H_0 \mp E')\right] \tag{5.13}$$

$$H_z^2 = (g_e/g_z)^2 \left[(H_0 \pm E')^2 - E'^2\right] \tag{5.14}$$

$H_{x,y,z}$ は共鳴磁場，$D' = D/g_e\mu_B$，$E' = E/g_e\mu_B$，$g_e = 2.0023$，g_x は x 軸方向の g 因子，$H_0 = \hbar\omega/g_e\mu_B$ である．図 5.4 に無秩序配向の三重項 ESR スペクトルを示す．非禁制遷移（$\Delta m = 2$）は $H = H_0/2$ に観測される．

-**メモ**--

3回軸対称以上の対称性（$D \neq 0$, $E = 0$）をもつ分子のスピンハミルトニアンは

$$\mathcal{H} = g\beta \boldsymbol{H}\boldsymbol{S} + D \left[\boldsymbol{S}_z^2 - \frac{1}{3}S(S+1) \right]$$

であるから，スピン多重項（S）の副準位（m_s）のエネルギーは次式で与えられる．

$$W(m_S) = g\mu_B H m_S + D \left(m_S^2 - \frac{1}{3}S(S+1) \right)$$

また，単結晶 ESR スペクトルでは磁場と主軸（z軸）がなす角度（θ）が入った次式を用いる．

$$W(m_S) = g\beta H m_S + \left(\frac{D}{2} \right) (3\cos^2\theta - 1) \left(m_S^2 - \frac{1}{3}S(S+1) \right)$$

5.2.1 パルス EPR 法

　前章の電子スピン共鳴法は一定周波数のマイクロ波を連続照射しながら磁場の強さを掃引しスペクトルを測定するため cw-EPR 法とよばれ，マイクロ波の吸収強度を磁場の強さに対しプロットしスペクトルを得る．一方，パルス EPR 法 [4] では決まった周波数の強力なパルスマイクロ波を照射し，信号強度の時間変化（自由誘導減衰，free induction decay: FID）を記録し，FID をフーリエ変換することで周波数領域のスペクトルを一度に得ることができる．パルス EPR 法では検出装置の都合でパルス照射後測定できない不感時間（dead time:100〜150 ns）があるため FID の大部分が失われることがある．このため FT-EPR 法で測定積算回数を稼ぐこと

で cw-EPR 法と遜色ないスペクトルを得るには不利なこともある.
FT-EPR 法の利点はその高い時間分解能により光化学の初期過程や
光励起高スピン状態を直接検出できることである.

外部磁場がないと物質中のスピン集団は任意の方向を向いている
が,外部磁場により個々のスピンは外部磁場に対しそれぞれの角度
で歳差運動する.これを巨視的に見ると個々のスピンの磁気モーメ
ントの総和が歳差運動していることになる.このようなスピン系に
マイクロ波パルスで回転磁場(静磁場に垂直方向に照射する電磁波)
を加えると巨視的なスピンベクトルは静磁場を中心に徐々に傾き,
回転磁場を加える時間(パルス幅)を変えることで巨視的スピンベ
クトルを外部磁場に対し 90° や 180° に傾けることができる.前者
を 90° パルス,後者を 180° パルスとよび,90° パルスで傾いたスピ
ン集団は xy 平面内でそれぞればらけることで横緩和する(図 5.5).
パルス EPR 法ではパルス照射方法により得られる情報が異なる.
FID 法では 90° パルスで巨視的スピンを 90° 倒し,xy 平面で横緩
和する FID 信号をフーリエ変換することでスペクトルを得る.スピ
ンエコー法では 90° パルス照射後ある一定の間隔で 180° パルスを
照射することで発生する共鳴信号のエコーにより,横緩和時間が短
く不感時間のために FID が観測できない系のスペクトルを得ること
ができる.二次元 EPR 法であるニューテーション法では,まず磁
場を固定しパルス幅を変えながら測定した FID 強度をフーリエ変換
することで時間情報を周波数情報に変換する.さらに磁場を変えな
がら同様の測定をすることで得られる磁場と周波数の二次元スペク
トルからスピン量子数を決定することができる.

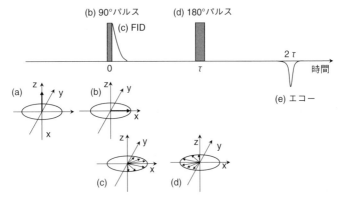

図 5.5　パルス EPR 法でのスピン配列
(a)静磁場下の巨視的スピン，(b)90° パルス照射で巨視的スピンは 90° 倒れる，(c)個々のスピンは *xy* 面内に横緩和し FID を観測，(d) 180° パルスでスピンは反転，(e)スピンエコーの観測．図は回転座標で表示．

5.2.2　時間分解 ESR 法

　ESR で測定するのは不対電子の集団であり，ESR シグナルの強さは α スピン状態と β スピン状態にあるスピン数の差（n）に比例する．ゼーマン分裂した時の両準位にあるスピン数の比（$N\alpha/N\beta$）はボルツマン分布で与えられる．

$$\frac{N_\alpha}{N_\beta} = \exp\left(\frac{-g\mu_B B_0}{kT}\right) \cong 1 - \frac{g\mu_B B_0}{kT} \tag{5.15}$$

$T = 300$ K，$B_0 = 0.3$ T では n（$= N_\alpha - N_\beta$）は約 0.13％と非常に小さいため cw-EPR 法ではスピン分極が小さく感度は低い．常磁性分子の基底状態では熱分布によりスピン分極が決まるのに対し，光励起状態では異常に大きなスピン分極をもつことがあり，これを CIDEP（chemically induced dynamic electron spin polar-

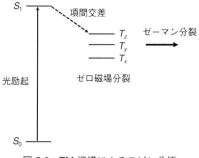

図 5.6 TM 機構によるスピン分極

ization)とよぶ．時間分解 ESR 法 [5] ではパルス光で生成するスピ
ン分極が大きな短寿命光励起三重項化学種や光反応におけるフリー
ラジカルの生成機構を調べる有力な手法である．

CIDEP は三重項機構（triplet mechanism: TM）あるいはラジ
カル対機構（radical pair mechanism: RPM）で説明される．三
重項機構では光励起一重項から励起三重項へ項間交差する際，副準
位（T_z, T_y, T_x）への遷移速度が異なることで CIDEP が生じる（図
5.6）．スピン分極の大きさは三重項のゼロ磁場分裂，項間交差速度，
三重項のスピン格子緩和時間，一重項への失活速度などにより決ま
る [6]．時間分解 ESR は磁場中で測定するのでゼーマン分裂した副
準位（T_{+1}, T_0, T_{-1}）間の遷移を観測する．この三重項状態の異常分
極は急速に熱緩和しボルツマン分布に達するが，時間分解 ESR では
ボルツマン分布に達する前に測定することになる．一方，化学反応
では化学結合が切れると不対電子をもつラジカル対が生成する．化
学結合開裂直後のラジカル対は一重項状態（S）あるいは三重項状
態（T）にある．このラジカル対は溶液内で拡散や再衝突を繰り返
すが，再結合の際にゼーマン相互作用と超微細相互作用により一重

項（S）と三重項（T）の混合が起こり，さらにラジカル間の交換相互作用によりスピン分極した三重項が生じる．これをラジカル対機構とよび化学反応機構の解明に有力な情報を与える．

5.3　メスバウアー分光法

原子核のエネルギー状態は原子近傍の電子状態や物質の磁性によりわずかに変化する．メスバウアー分光法は，原子核が γ 線を共鳴吸収する現象を利用し分子の電子状態や物質の磁気的状態についての情報を与える（図 5.7）[7]．メスバウアー分光法は γ 線により原子核のエネルギー準位間の遷移を観測するため核 γ 線共鳴分光法とも呼ばれ，他の分光法と異なるのは光源が γ 線であるため吸収と発光に伴い原子が大きく反跳を受けることにある．原子が光子を放出すると，放出された光子は運動量をもつため発光体は運動量 P の反跳を受ける．

$$P = Mv_R = \frac{E_\nu}{c} \tag{5.16}$$

ここで，c は光の速度，M は発光体の質量，v_R は反跳速度である．反跳エネルギー（E_R）は

$$E_R = \frac{Mv_{R^2}}{2} = \frac{P^2}{2M} = \frac{E_{v^2}}{2Mc^2} \tag{5.17}$$

で与えられる．近紫外より低いエネルギーを用いる分光法では反跳エネルギーは無視できるほど小さいが，光源に γ 線を用いるメスバウアー分光法では反跳エネルギーが無視できないほど大きくなる．原子核から γ 線が放出される際に原子核は反跳エネルギーを受けるため，遷移エネルギーを E_t とすると放出される γ 光子のエネルギー

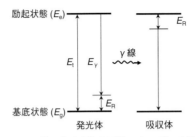

図 5.7　γ線の共鳴吸収と反跳エネルギーの関係

(E_γ) は

$$E_\gamma = E_t - E_R \tag{5.18}$$

となる．まったく同じことが γ 線を吸収する原子核にも起こり，

$$E_\gamma = E_t + E_R \tag{5.19}$$

γ 線の共鳴吸収を起こすにはエネルギーが不足することになる（図 5.7）．

　核壊変により放出される γ 光子のエネルギーを吸収体の励起に必要なエネルギーに等しくする直接的な方法はないが，線源と吸収体の相対速度を制御しドップラー効果を使うことでエネルギー不足分を補うことができる．原子核が速度 v で移動すると，その運動方向に放出される γ 線はドップラー効果により反跳エネルギー（ΔE_D）を受ける．

$$\Delta E_D = \left(\frac{v}{c}\right) E_\gamma \tag{5.20}$$

　一般的な分光法では横軸にエネルギーをとるが，メスバウアー分光法ではドップラー効果により吸収する γ 線のエネルギーは $E_t \pm \Delta E_D$

表 5.2 メスバウアー核種とその線源の特性

核種	A (%)	E_γ (keV)	I_g	I_e	親核種	$T_{1/2}$
^{57}Fe	2.2	14.4	1/2	3/2	^{57}Co	270 day
^{119}Sn	8.6	23.9	1/2	3/2	^{119m}Sn	250 day
^{119}I	nil	23.9	7/2	5/2	^{119}I	70 min
^{197}Au	100	77.7	3/2	1/2	^{197}Pt	20 hours

A: 同位体存在比, I_g と I_e：基底状態と励起状態の核スピン, $T_{1/2}$：半減期

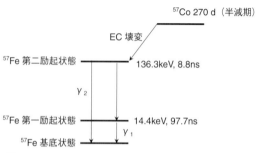

図 5.8 ^{57}C$_o$ の EC 壊変図
^{57}Fe メスバウアースペクトルには 14.4 keV の γ 線を用いる.

になるため，横軸にはエネルギーの単位ではなくドップラー変化分（$\pm\Delta E_D$）をとり，これを線源と吸収体の相対速度 v（mm s^{-1}）で示す．メスバウアー分光法の線源（光源）には親核種の核壊変により放出される γ 線を用いる．よく使われる核種の特性（表 5.2）と ^{57}Fe メスバウアースペクトルに用いる娘核種 ^{57}Co の EC 壊変図を（図 5.8）に示す.

5.3.1 メスバウアーパラメータ

メスバウアースペクトルの線源は共鳴 γ 線エネルギーの幅が小さ

く核の基底状態と励起状態が分裂していない放射性核種を用いる.
原子核の状態は核種の置かれた環境に影響されるので,線源(s)と
吸収体(a)の原子核周りの電子状態が異なれば核のエネルギー準位
がわずかに変化し,スペクトルの位置やピークの数が変わる.スペ
クトルのパラメータにより原子核外の電子状態についての情報を得
ることができる.

異性体シフト   核の基底状態と同様に励起状態も核種の環境に影
響される.原子核は近傍にある電子により基底状態と励起状態の核
の大きさが異なり,それらのエネルギー準位(E_g と E_e)も変化す
る.線源と吸収体の環境が変化すると,メスバウアースペクトルは
相対速度ゼロの基準値から δ だけシフトする.

$$\delta = \{(E_e)_A - (E_g)_A\} - \{(E_e)_S - (E_g)_S\}$$
$$= \frac{4}{5}\pi Z e^2 R^2 \frac{\Delta R}{R}\{|\psi(0)|_A^2 - |\psi(0)|_S^2\} \tag{5.21}$$

ここで,Z は原子番号,e は電気素量,R は核半径,ΔR は基底状態
と励起状態の核半径の変化量,$|\psi(0)|_A^2$ と $|\psi(0)|_S^2$ は吸収体と線源
の核位置の全電子密度であり,δ を異性体シフト(isomer shift: IS)
とよぶ.すなわち,異性体シフトは線源と吸収体の核位置における
電子密度の差を反映している.核位置に電子密度をもつのは s 電子
だけであるが,核の位置に節をもつ p 電子や d 電子も s 電子を遮蔽
することで異性体シフトに影響を与える.また,ΔR の符号は核種
により異なり,鉄では ΔR が負なので d 電子が多ければ s 電子はそ
れだけ遮蔽され $|\psi(0)|^2$ は小さくなる.すなわち,鉄イオンの異性
体シフトは酸化数が低いほど異性体シフトは大きくなり,逆 π 供与
(π back donation)が強い低スピンほど小さくなる.表5.3に鉄イ
オンの酸化数とスピン状態に特有な異性体シフトの値を示した.

表 5.3　鉄イオンの異性体シフトのおおよその範囲（mm s^{-1}: α-Fe 基準）

Fe^{2+}($S = 0$)	$-0.25 \sim +0.45$
Fe^{2+}($S = 1$)	$+0.30 \sim +0.60$
Fe^{2+}($S = 2$)	$+0.65 \sim +1.35$
Fe^{3+}($S = 1/2$)	$-0.15 \sim +0.10$
Fe^{3+}($S = 3/2$)	$0.00 \sim +0.20$
Fe^{3+}($S = 5/2$)	$+0.20 \sim 0.45$

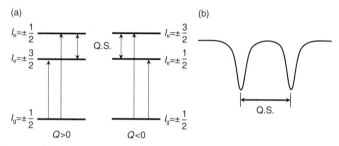

図 5.9　（a）電場勾配の符号による核準位の分裂の様子，（b）四極分裂を示すメスバウアースペクトル.

　四極分裂　核スピン（I）が 1 より大きいと核の電荷分布は球状でなくなり，電気的核四極子モーメント（Q）をもつ. Q が正の場合には核の回転軸に正電荷が集まり，Q が負の場合には回転軸から正電荷は遠のく. さらに，核準位は核位置の電子分布の歪み（電場勾配：efg = electric field gradient）により分裂する. たとえば，核の基底状態 $I_{\mathrm{g}} = 1/2$ で第一励起状態が $I_{\mathrm{e}} = 3/2$ のような ^{57}Fe では，第一励起状態が Q の符号により $I_{\mathrm{e}} = \pm 1/2$ と $I_{\mathrm{e}} = \pm 3/2$ に分裂し，吸収スペクトルは 2 つのピークに分裂する（図 5.9）. この分裂の大きさを四極分裂（quadrupole splitting: Q.S.）とよび，その大きさは以下の式で表せる.

$$Q.S. = \frac{1}{2}e^2qQ\left(1 + \frac{\eta^2}{3}\right)^{1/2} \tag{5.22}$$

$$\eta = \frac{V_{xx} - V_{yy}}{V_{zz}} \tag{5.23}$$

ここで，η は非対称パラメータ，V_{xx}, V_{yy}, V_{zz} は，x, y, z 軸方向の電場勾配で分子が 3 回軸以上の対称性を持つ場合 $V_{xx} = V_{yy}$ である.

磁気分裂 核スピン (I) が 1/2 より大きいと磁場により核準位は分裂する. この核のゼーマン分裂は外部磁場だけでなく，強磁性体のような大きな磁気モーメントがつくる内部磁場でも起こる. ゼーマン分裂エネルギーは

$$E_{I,M} = -\mu_N HM/I \tag{5.24}$$

で表せる. ここで μ_N は核磁気モーメント，$M(= -I, (-I + 1), \cdots (I - 1), I)$ は副準位，H は磁場の大きさである. 例として

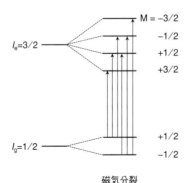

磁気分裂

図 5.10 ^{57}Fe 核の磁気分裂と許容遷移

^{57}Fe 核のゼーマン分裂の様子を図 5.10 に示す. 基底状態と励起状態ともにゼーマン分裂する. 許容遷移は $\Delta M = 0, \pm 1$ であるから, 異性体シフトを中心に 6 本のピークが観測され, ピーク分裂の大きさから内部磁場の大きさを評価できる.

文献

[1] G. A. Bain, J. F. Berry：*J. Chem. Education*, **85**, 532 (2008).

[2] S. M. J. Aubin, Z. Sun, L. Pardi, J. Krzystek, K. Folting, L.-C. Brunel, A. L. Rheingold, G. Christou, D. N. Hendrickson：*Inorg. Chem.*, **38**, 5329 (1999).

[3] J. E. Wertz, J. R. Bolton：Electron Spin Resonance: Elementary Theory and Practical Applications, McGraw-Hill Book (1972)；桑田啓治・伊藤公一：電子スピン共鳴入門, 南江堂 (1980).

[4] 電子スピンサイエンス学会監修：電子スピンサイエンス＆スピンテクノロジー入門, 日本学会事務センター (2004).

[5] 寺島政秀・広田襄：分光研究, **40**, 30, (1991).

[6] P. W. Atokins, G. T. Evans：*Mol. Phys.* **27**, 1633 (1974).

[7] N. N. Greenwood, T. C. Gibb：Mössbauer Spectroscopy, Chapman and Hall (1972)；佐野博敏：メスバウアー分光学——その化学への応用, 講談社 (1972)；メスバウアースペクトロメトリーの基礎と応用, メスバウアー分光研究会 (2016)；大塩寛紀 編著：錯体化学選書 7 金属錯体の機器分析 (上・下), 三共出版 (2010, 2012).

第 6 章

分子磁性

　常磁性分子間の磁気的相互作用が小さい物質では個々のスピンは熱エネルギーによりゆらいでいるため磁化は平均化されゼロとなる．常磁性物質に磁場を印加するとスピンは磁場の方向に揃い磁化するが，磁場を取り去ると再び熱ゆらぎにより磁化はゼロに戻る．このような常磁性分子の磁化率はキュリー・ワイス的に振る舞うが，常磁性分子間の磁気的相互作用が強いと協同効果による磁性が出現する（図 6.1 と図 6.2）．

強磁性（ferromagnetism）：相転移により常磁性イオンのスピンが平行に揃うことで大きな磁気モーメントをもつ．高温領域で磁化率は常磁性的に振る舞うが，転移温度（T_C：キュリー温度）以下で磁化率は急激に増加し，その後磁化は飽和する．外部磁場により磁気ヒステリシスを示し，外部磁場を取り去っても磁化をもつ自発磁化を示す．フェリ磁性体に対し，フェロ磁性体とよばれる．

反強磁性（antiferromagnetism）：大きさが同じ隣り合うスピンが反平行に揃うことで全体として磁気モーメントはゼロになる．高温域で磁化率は常磁性的に振る舞うが，転移温度（T_N：ネール温度）以下で磁化率は急激に減少する．

フェリ磁性（ferrimagnetism）：一次相転移により大きさの異なる

スピンが反平行に揃う．相転移温度以下では強磁性と同じように振る舞い，磁気ヒステリシスや自発磁化を示す．

メタ磁性（metamagnetism）：強磁性的相互作用をもつ一次元鎖や二次元シートが鎖間やシート間で弱い反強磁性的相互作用をもつ場合，外部磁場の大きさが鎖あるいはシート間の反強磁性的相互作用より大きくなるとすべての磁化が同じ方向を向くため磁化は急激に増加し飽和し強磁性を示す．

らせん磁性（helical magnetism）：磁気モーメントの方向が，特定の結晶軸（らせん軸）に垂直な面内で平行に並び，らせん軸方向に進むに従い一定の周期で回転している磁気構造をもつ．

弱強磁性（weak ferromagnetism）：反対称交換相互作用や軸異方性などにより，反強磁性的相互作用が働いても磁気モーメントが完全に消滅せず，残留スピンが整列して強磁性を示す．

パウリ磁性（Pauli magnetism）：伝導体に特有な磁性であり，フェルミ面近傍にある伝導電子のみ磁場方向に向きを変えることで生じる磁性．

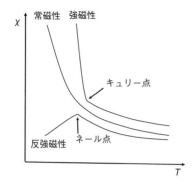

図 6.1 常磁性，強磁性，反強磁性物質の磁化率の温度変化

図 6.2 磁性の種類

6.1 分子強磁性体

常磁性物質は磁場印加によりスピンを磁場と平行に揃えるが，磁場を取り去ると熱エネルギーによりスピンはゆらぎ任意の方向を向

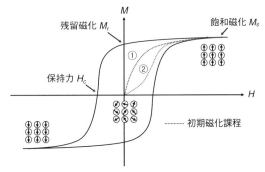

図 6.3　強磁性体の磁化の磁場依存とスピン配列の様子
メタ磁性体の初期磁化過程はシグモイド曲線になる.

く. 一方, 強磁性体はキュリー点以下で磁場を取り去っても磁化が
保持され, その磁化は磁気ヒステリシス (図 6.3) など特徴的な磁化
過程を示す. 強磁性体では十分大きな磁場を印加し磁化を飽和させ
た後, 磁場をゼロ ($H = 0$) に戻しても磁化は保持される. この磁
化を残留磁化とよぶ. また, 磁場の向きを変えた逆磁場を印加する
と磁化が反転する. この磁化反転の磁場を保磁力とよぶ. 強磁性体
はスピン軌道相互作用に基づく磁気異方性により磁化がある方向に
向きやすい性質 (磁化容易軸) をもち, 強磁性を設計する際はスピ
ン軌道相互作用とスピン多重度が大きな金属イオンを用い個々の金
属イオンの磁化容易軸が平行に並ぶように物質設計する必要がある.

　分子強磁体の強磁性転移を確かめるためには小さな磁場で磁化を
測定する. まず, 弱磁場で温度を下げながら磁化を測定 (field cooled
magnetization: FCM) すると, ある温度で磁化は急激に増加し,
変曲点を経て飽和磁化に近づく. 次に磁場ゼロで冷却後, 弱磁場で
温度を上げながら測定 (zero field cooled magnetization: ZFCM)

すると磁気転移温度（T_c）で極大になり再び減少する（図6.4）.

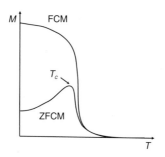

図 6.4　強磁性体の FCM と ZFCM

-- メモ --

　スピンが同じ方向に並ぶ強磁性転移は熱力学的な相転移である. 相転移はギブ
ス自由エネルギー G の n 次微分が不連続になるものを n 次相転移として定義さ
れる. ギブス自由エネルギーは次式で定義される.

$$G = H - TS = U + pV - TS$$

H はエンタルピー，S はエントロピー，U は内部エネルギー，p は圧力，V
は体積である. その一次微分は

$$\left(\frac{\partial G}{\partial T} \right)_p = -S$$

$$\left(\frac{\partial G}{\partial p} \right)_T = V$$

であるから，一次相転移ではエントロピー S と体積 V に不連続な跳びを生じる.
すなわち，一次相転移では物質の密度が急激に変化し，急激な熱エネルギーの出
入り（潜熱）がある. ギブス自由エネルギーの二次微分は定圧比熱 C_p や等温圧
縮率 κ を用い，

$$\left(\frac{\partial^2 G}{\partial T^2}\right)_p = \left(\frac{\partial S}{\partial T}\right)_p = -\frac{C_p}{T}$$

$$\left(\frac{\partial^2 G}{\partial p^2}\right)_T = \left(\frac{\partial V}{\partial p}\right)_T = -V\kappa$$

と表すことができる. 二次相転移は定圧比熱と圧縮率に不連続が生じる変化である. 比熱はエンタルピーの一次微分であり $dH = TdS + Vdp$ なので, 次式のように表すこともできる.

$$C_p = \left(\frac{\partial H}{\partial T}\right)_p = T\left(\frac{\partial S}{\partial T}\right)_p = -T\left(\frac{\partial^2 G}{\partial T^2}\right)_p$$

6.1.1 一次元鎖が強磁性的に結合した分子強磁性体

1987 年頃, 米国, フランス, イタリアから分子強磁性体が相次いで報告された. ドデカメチルフェロセンとテトラシアノエチレンからなる電荷移動錯体 ($[Fe^{III}(cp^*)_2][TCNE]$, p.75 参照) は $[Fe^{III}(cp^*)_2]^+$ と $[TCNE]^-$ が交互に積層した一次元鎖を形成し, 一次元鎖間の強磁性的相互作用により 4.8 K で強磁性転移する. 一次元鎖内における $[Fe^{III}(cp^*)_2]^{+\cdot}$ と $[TCNE]^{-\cdot}$ の強磁性的相互作用は配置間相互作用 [1] あるいはスピン分極機構 [2] により説明される. 電荷移動錯体 $[Fe^{III}(cp^*)_2]^{+\cdot}[TCNE]^{-\cdot}$ は基底一重項 (^{1}GC) と基底三重項 (^{3}GC) をもつ. $[Fe^{III}(cp^*)_2]$ が二重縮退した HOMO をもつため, $[Fe^{III}(cp^*)_2]^{+\cdot}$ から $[TCNE]^{-\cdot}$ へさらに一電子移動した励起状態 $[Fe^{III}(cp^*)_2]^{2+}[TCNE]^{2-}$ は三重項 (^{3}CTC) が安定化である (図 6.5). その結果 ^{3}GC と ^{3}CTC の配置間相互作用により $[Fe^{III}(cp^*)_2]^{+\cdot}$ と $[TCNE]^{-\cdot}$ の磁気的相互作用は強磁性的になる (図 6.5).

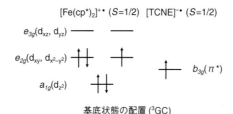

図 6.5 [Fe^{III}(cp*)$_2$][TCNE] の三重項状態の電子配置

強磁性的相互作用の発現には磁気軌道の縮退を考慮した金属イオンの選択や分子設計が必要であるが，スピン数が異なる化学種間の反強磁性的相互作用を利用すると比較的容易にフェリ磁性体を合成することができる．[Mn^{II}Cu^{II}(pbaOH)(H$_2$O)$_2$]（pbaOH = 2-hydroxy-1,3-propylenebis(oxamato)）は Mn^{II} ($S = 5/2$) と Cu^{II} ($S = 1/2$) イオンが反強磁性的に結合したフェリ一次元鎖構造をもつ（図 6.6）．この化合物では一次元鎖中の Mn イオンと隣接の一次元鎖の Cu イオンが近づくように配列することで，結晶全体として大きな磁化をもつフェリ磁性体（$T_c = 4.6$ K）になる．また，Mn と Mn イオンおよび Cu と Cu イオンが近接するような配列をもつ類似化合物（[Mn^{II}Cu^{II}(pba)(H$_2$O)$_2$]）では，極低温で反強磁性体に転移する [3].

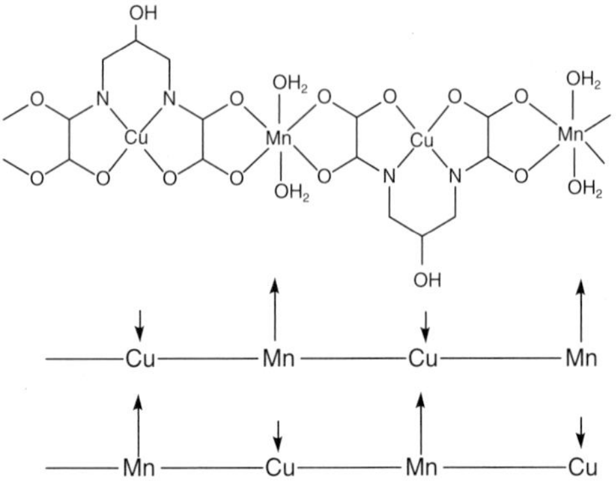

図 6.6 [Mn^{II}Cu^{II}(pbaOH)(H$_2$O)$_2$] の一次元構造と一次元鎖間のスピン配列

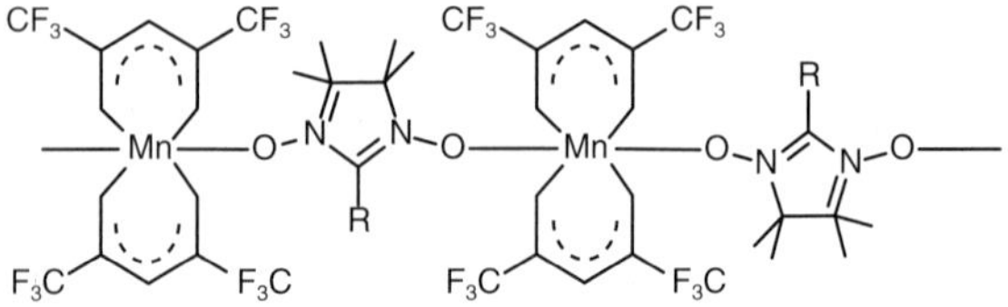

図 6.7 [Mn^{II}(hfac)$_2$(NIT-R)] のフェリ一次元構造

1980 年代に合成されたもうひとつの一次元フェリ磁性体を挙げておく. ニトロニルニトロキシド (NIT) を架橋配位子とする一次元鎖化合物 [Mn^{II}(hfac)$_2$(NIT-R)] は有機ラジカルと Mn(II) イオンの反強磁性的相互作用 ($J = -125$ cm^{-1}) によりフェリ一次元鎖を形成し (図 6.7), R が isopropyl 基では 7.6 K で強磁性転移する [4].

6.1.2 二次元分子強磁性体

一次元分子強磁性体では鎖どうしの相対的配置を設計することが難しく、また鎖間の磁気的相互作用は主に磁気双極子相互作用などの小さな相互作用なため磁気転移点も低くなる。これに対し二次元磁性体では面内のスピンを揃えることで比較的高い磁気転移点をもつ磁性体合成が可能になる。架橋配位子としてシュウ酸イオンを用いると、種々の金属イオンの組合せが可能な二次元ハニカム構造をもつ $(Bu_4N)[M_A^{II}M_B^{III}(ox)_3]$ が合成される（図 6.8a）。$M_B = Cr$ と $M_A = Mn, Fe, Co, Ni, Cu$ の組合せでは強磁性体を、$M_B = Fe$ と $M_A = Fe, Ni$ ではフェリ磁性体を与え、強磁性転移点は 30 K にもおよぶ [5]。また、$[Fe^{III}(CN)_6]^{3-}$ は種々の金属イオンを架橋することで二次元・三次元構造をもつ化合物をつくることから錯体配位子とよばれる。$[Ni^{II}(1,1\text{-dmen})_2]_2[Fe^{III}(CN)_6]X$（1,1-dmen=1,1-dimethylethylenediamine、X：非配位性陰イオン）は、$Fe^{III}\text{-}CN\text{-}Ni^{II}\text{-}Fe^{III}$ を辺とする正方形の単位が二次元シート状に並んだ構造をもつ（図 6.8b）。低スピン Fe^{III} イオン (t_{2g}^5) と Ni^{II} イ

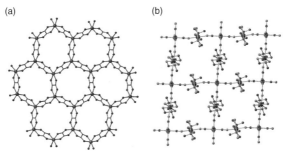

図 6.8　(a) $[M_A^{II}M_B^{III}(ox)_3]$ のハニカム構造と (b) $[Ni^{II}(1,1\text{-dmen})_2]_2[Fe^{III}(CN)_6]^+$ の正方格子

オン（$t_{2g}^{6}e_{g}^{2}$）の磁気軌道が直交するためシート内のスピンは平行に揃うが，シート間の磁気的相互作用は対イオンの種類により変わる．面間の磁気的相互作用は $X = CF_3SO_3^-$ では強磁性的，$X = ClO_4^-$ では反強磁性的なため，前者は $T_c = 16.2$ K のフェロ磁性体であり，後者は極低温で磁場を印加することで強磁性体転移するメタ磁性体である [6].

6.1.3 三次元分子強磁性体

三次元磁性体として一般式 $M_xM_A[M_B(CN)_6]_z \cdot nH_2O$（$M_x$:アルカリ金属）をもつプルシアンブルー類縁体を挙げておこう．プルシアンブルーあるいはベルリンブルーとよばれる $Fe^{III}_4[Fe^{II}(CN)_6]_3 \cdot 14H_2O$ は 1704 年ドイツで合成され，染料として古くから知られる化合物である．結晶は Fe^{II} イオンと Fe^{III} イオンがシアン化物イオンで架橋された面心立方構造をもつが，単結晶構造解析がなされたのは 1973 年である（図 6.9）[7].

$Fe^{III}_4[Fe^{II}(CN)_6]_3 \cdot 14H_2O$ は常磁性低スピン Fe^{III} イオン（$S = 1/2$）が反磁性の Fe^{II} 錯体部位（-NC-Fe^{II}-NC-）を通して強磁性的に結合することで $T_c = 5.6$K で強磁性体になる．プルシアンブルー

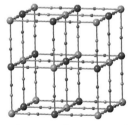

図 6.9 プルシアンブルー の面心立方格子
口絵 1 参照.

類縁体 $A_xM_A[M_B(CN)_6]_z \cdot nH_2O$（A はアルカリ金属イオンやアンモニウムイオン）は金属イオン M_A と M_B の組合せでフェロ磁性体からフェリ磁性体まで作り分けることができる．また，プルシアンブルー類縁体の磁気転移温度は金属イオン間の交換相互作用の大きさ（J_{AB}），最近接金属イオン数（Z_A, Z_B），スピン量子数（S_A, S_B）から見積もる式が提案されている [8].

$$T_c = \sqrt{Z_A Z_B} J_{AB} \sqrt{S_A(S_A+1)S_B(S_B+1)}/3k_B \qquad (6.1)$$

6.1.4 有機強磁性体

有機ラジカルはスピン軌道相互作用と磁気異方性が小さいので強磁性体にはなりにくいが，木下・阿波賀により世界初の有機強磁性体であるニトロニルニトロキシド誘導体（pNPNN）が合成された [9]. この化合物は複数の結晶相をもち，β 相ではわずかにスピン分極したニトロ基と隣の分子のニトロキシドが近づくことで二次元磁気構造をつくり $T_c = 0.6$ K で強磁性転移する（図 6.10a）．C_{60} をテトラキス（ジメチルアミノ）エチレン（tetrakis(dimethylamino)ethylene: TDAE）で還元して得られる電荷移動錯体 C_{60}TDAE は $T_c = 16.1$ K で強磁性体転移する有機強磁性体である（図 6.10b）[10]. C_{60} が TDAE で一電子還元された [$C_{60}^{-\cdot}$] と [TDAE$^{+\cdot}$] は強磁性的相互作用をもつ．これは C_{60} が三重縮退した LUMO（lowest unoccupied molecular orbital）をもち，TDAE から C_{60} へ二電子電荷移動した励起状態（[$C_{60}^{2-\cdots}$]）が三重項になるためである．すなわち，一電子移動した基底三重項状態と励起三重項状態の配置間相互作用により [$C_{60}^{-\cdot}$] は [TDAE$^{+\cdot}$] と強磁性的相互作用をもつ．磁気異方性が小さい有機ラジカルも，分子に重い原子を導入することで軌道角運動量と磁気異方性を大きくし，さらに圧力を加えることで磁気転移点を

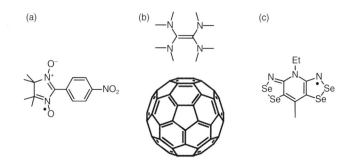

図 6.10 有機強磁性体
(a) ニトロキシド誘導体 (*p*NPNN) (T_c =0.6 K), (b) C_{60}TDAE (T_c = 16.1 K), (c) Iodo-substituted bisdiselenazolyl (2 GPa で T_c = 27.5 K)

上げることが可能である．Se 原子を導入した bis (thiaselenazolyl) ラジカルは $T_c = 17$ K の強磁性体であり，2GP の圧力印加により 磁気転移点は $T_c = 27.5$ K に上昇する（図 6.10c）[11].

6.2 量子磁石

　磁石はスピンが同じ方向を向いている磁区の集合体であり，外部磁 場ゼロではそれぞれの磁区のスピンの向きはランダムなため全体と して磁化の和はゼロとなる．外部磁場を印加すると磁区の境界（磁 壁）が移動することで徐々に外部磁場の向きと同じ磁気モーメント をもつ磁区が大きくなり，十分大きな外部磁場ではすべての磁化が 揃うことで磁化は飽和する（図 6.11）．このような磁区の変化は偏 光顕微鏡で観察することができる．また，いったん磁気飽和すると 磁場をゼロにしても残留磁化が残るのは固体特有の磁気ヒステリシ

外部磁場ゼロ　　弱い外部磁場　　やや強い外部磁場　　強い外部磁場

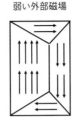  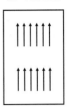

図 6.11 外部磁場を印加したときの磁化の様子

スによる．磁石は磁区をもち，そこですべてのスピンの向きが揃う固体としての性質である．

　磁石を小さくしていくと単磁区構造の超常磁性体になる．この数十 nm の大きさの磁性微粒子は，すべてのスピンが同じ方向を向くため巨大磁気モーメントをもつが，磁気ヒステリシスを示すことはない．また，磁場でそろった磁性微粒子の巨大磁気モーメントは，磁場をゼロに戻すとある時間で任意の方向に熱緩和（ネール緩和）する．

6.2.1　単分子磁石

　単分子磁石（single molecule magnet: SMM）はブロッキング温度（T_B）以下で磁化反転が極めて遅くなり，磁気的長距離秩序をもたない分子にもかかわらず磁気ヒステリシスを示す．1 つの分子があたかも永久磁石のように振る舞う．さらに，分子のスピン状態は量子化されているため単分子磁石の磁化は熱だけでなく量子トンネルにより反転する．このため単分子磁石は磁気記憶媒体の高密度化や量子コンピュータの演算単位であるキュービットとして期待されている．

　単分子磁石は容易軸型の負の磁気異方性と比較的高いスピン多重度をもつ必要がある．磁気異方性により上向きスピン（up-spin）と下向きスピン（down-spin）はポテンシャル障壁で隔てられている（図 6.12a）．ポテンシャル障壁のエネルギーあるいは磁化反転のための活性化エネルギー（U_{eff}）は一軸性ゼロ磁場分裂パラメータ D を用い，$U_{\text{eff}} = |D|S_z^2$（$S_z$ は合成スピンの z 軸成分で，S_z が半整数のときは $U_{\text{eff}} = |D|(S_z^2 - 1/4)$）と表すことができる．ただし，$D < 0$ である必要がある．観測する温度が U_{eff} に比べ十分低いと，アレニウス型の熱活性過程による磁化の反転はフリーズされ永久磁石のように振る舞う．この温度をブロッキング温度（T_{B}）という．磁化は熱活性過程だけでなく量子トンネルでも反転する．磁場を印加するとゼーマン分裂によりスピン副準位の交差が等間隔で起こり（図 6.12b），交差磁場では量子トンネル（断熱過程）により上向きスピンから下向きスピンに磁化反転する（図 6.12c，たとえばゼーマン分裂により $(S_z, M_s) = (10, 10)$ と $(-6, 6)$ が交差すると点線で示す磁化反転が起こる）．その結果，単分子磁石の磁化過程はスピン副準位が交差する磁場で量子トンネルによる磁化反転により，階段状の磁気ヒステリシスを示す（図 6.13b）．量子トンネルによるスピン反転は，交差磁場で 2 つのスピン軌道（$|M_s\rangle$ と $|M_s'\rangle$）が混じるためであり，その量子トンネル確率（P）は Landau-Zener-Stückelberg モデルで表される．

$$P_{M_s \leftrightarrow M_s'} = 1 - \exp\left[-\frac{\pi \Delta^2}{2hg\mu_B |M_s - M_s'|\, dH/dt}\right] \quad (6.2)$$

ここで，Δ はスピン軌道の混成で生じたトンネル分裂の大きさ（図 6.12d），dH/dt は磁場掃引速度である．温度が十分低いと熱による磁化反転が抑えられ，トンネル分裂が大きいほど，磁場掃引速度が遅いほどトンネル確率は大きくなる．

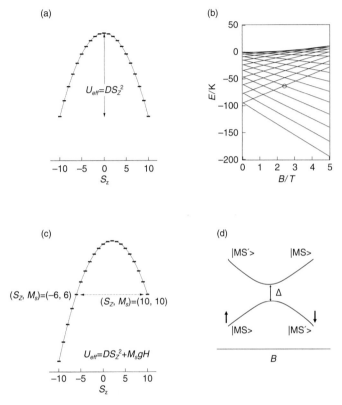

図 6.12　$S = 10$ の (a) ゼロ磁場でのスピン準位，(b) ゼーマン分裂の様子，(c) $(S_Z, M_s) = (10,10)$ と $(-6,6)$ が交差する磁場 ((b) の丸印) でのスピン準位と量子トンネルによるスピン反転 (点線)，(d) 交差磁場におけるトンネル分裂 (Δ) と磁化反転

　単分子磁石を含む量子磁石におけるスピン反転のダイナミクスを調べるのには磁場を周期的に変化させながら磁化率を測定する交流

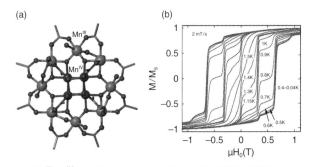

図 6.13 [$Mn_8^{III}Mn_4^{IV}O_{12}(CH_3COO)_{16}(H_2O)_4$] の分子構造と磁気ヒステリシス
[14(b)] N.E.Chakov *et al.*: *Inorg.Chem.*, **44**, 5304(2005) より.
口絵 2 参照.

磁化率が有用である（5.1.2 項を参照）．量子磁石のように活性化障
壁を越えてスピン反転する場合，観測される磁化率は交流磁場への
応答が遅れる．χ'' を温度に対しプロットするとピークトップが周波
数の減少とともに低温側にシフトする．スピン反転が熱活性型であ
るから，このピークトップ温度の逆数を交流磁場の周波数に対しア
レニウスプロットすることで活性化エネルギーを得る．

$$\tau = \tau_0 \exp(\Delta E/kT) \tag{6.3}$$

最初の単分子磁石は Mn12 核錯体（[Mn_{12}] = [$Mn_8^{III}Mn_4^{IV}O_{12}(CH_3COO)_{16}(H_2O)_4$]）（図 6.13a）である [12]．[$Mn_{12}$] は 1980 年に T.
Lis [13] により報告された化合物である．[Mn_{12}] は酸化物イオンで
強磁性的に結合した 4 つの Mn^{IV} イオン（$S = 3/2$）とそれに反
強磁性的に結合した 8 つの Mn^{III} イオン（$S = 2$）により基底ス
ピン状態は $S_T = 10$ になる．ブロッキング温度は $T_B = 3$ K で
$\tau_0 = 2.1 \times 10^{-7}$ sec，活性化エネルギー $\Delta E = 61$ K をもち，磁

気ヒステリシスで観測されるステップは量子トンネルによるスピン反転による [14]（図6.13b）.

単一分子が高いブロッキング温度 T_B をもつには，大きな活性化エネルギー（U_{eff}）をもつ必要がある．$U_{eff} = |D|S_z^2$ であるから，分子にはできるだけ高い基底スピン状態（S）と大きな負の一軸性磁気異方性が求められる．金属多核錯体ではフェリ磁性的相互作用により高い基底スピン状態を達成できることから，酸化物イオンと水酸化物イオンで架橋された [Mn25] [15]（$S = 61/2$）や希土類イオンを含む [Ni$_{21}$Gd$_{90}$] [16]（$S = 91$）などの巨大基底高スピン分子が合成されたが，分子内の金属イオンの容易軸を揃えるのが困難なため磁気異方性は小さくブロッキング温度 T_B は低い傾向にある.

6.2.2 単一イオン磁石

単核錯体でも大きな磁気異方性をもつことで高いブロッキング温度をもつ量子磁石になる．このような単一イオン磁石（single ion magnet: SIM）は磁気異方性が大きくなる（縮退した磁気軌道をもつ）ように金属イオンの種類，酸化数と配位子を選択するだけでよく，多核錯体のように分子内で容易軸を揃える必要がないことが利点である．最初の単一イオン磁石は三角錐配位構造（点群 C_{3v}）をもつ K[Fe^{II}(tpa^{Mes})]（tpa^{Mes} = trismesityltris(pyrrolylmethyl)amine）である．鉄 (II) イオンは 2 つの二重縮退した軌道（e_1 と e_2）と縮退のない軌道（a_1）に 4 つの不対電子が入ることで，基底スピン状態は $S = 2$ になる（図6.14 a）．磁気パラメータは $g = 2.21$ で $D = -39.6$ cm^{-1}，$E = -0.4$ cm^{-1} と一軸磁気異方性パラメータ D が大きく，活性化エネルギーは $U_{eff} = 42$ cm^{-1} である [17]．さらに，高いブロッキング温度をもつ単一イオン磁石が希土類イオンを用い合成された．現時点でジスプ

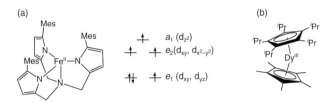

図 6.14 (a)Fe^{II} 単一イオン磁石と磁気軌道，(b)Dy^{III} 単一イオン磁石

ロジウムメタロセン [(Cp$^{i\mathrm{Pr}5}$)Dy^{III}(Cp*)]$^+$(Cp$^{i\mathrm{Pr}5}$ = penta-*iso*-propylcyclopentadienyl, Cp* = pentamethylcyclopentadienyl) が最も高いブロッキング温度（T_B = 80 K）と活性化エネルギー（U_{eff} = 1541 cm^{-1}）をもち，液体窒素温度で磁石になる [18]（図 6.14 b）.

6.2.3 単一次元鎖磁石

一次元化合物は有限温度で磁気的な長距離秩序状態をもつことはない．すなわち，一次元鎖構造をもつ常磁性化合物は磁気秩序を伴うような磁石になることはない．しかし Glauber は Ising 系（$J_x = J_y = 0$）一次元鎖はスピン反転に活性化エネルギーがあり磁気緩和を伴う超常磁性体として振る舞うことを示唆した [19]．このような一次元錯体特有の磁気緩和は，Gatteschi らの Co(II) 錯体が有機ラジカルで架橋されたフェリ磁性一次元鎖錯体 [Co(hfac)$_2$(NITPhOMe)] (hfac = hexafluoroacetylacetonate, NITPhOMe = 4'-methoxy-phenyl-4,4,5,5-tetramethy limidazoline-1-oxyl-3-oxide) [20] と宮坂らによる強磁性的に結合した Mn^{III} 二量体を Ni(II) 錯体配位子が反強磁性的に架橋したフェリ磁性一次元鎖 [Mn$_2$(saltmen)$_2$Ni(pao)$_2$(py)$_2$](ClO$_4$)$_2$ (saltmen = N,N'-(1,1,2,2-tetramethylethylene)

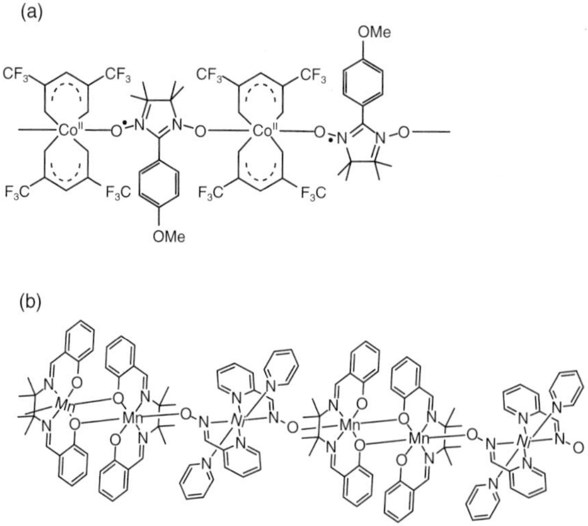

図 6.15 単一次元鎖磁石 (a) [Co(hfac)$_2$(NITPhOMe)] と
(b) [Mn$_2$(saltmen)$_2$Ni(pao)$_2$(py)$_2$](ClO$_4$)$_2$

bis(salicylideneiminate), pao=pyridine-2-aldoximate) [21] にお
いて実証された（図 6.15）．このような磁気緩和を示す一次元鎖化
合物を単一次元鎖磁石（single chain magnet）とよぶ．

Ising 系一次元鎖のスピンハミルトニアンは J_z を隣接イオン間の
交換相互作用として

$$\mathcal{H} = -2 \sum_{-\infty}^{+\infty} J_z S_{i,z} \cdot S_{i+1,z} \tag{6.4}$$

で与えられる．強磁性的相互作用をもつ一次元鎖の緩和時間はアレ
ニウスの式

$$\tau = \frac{\tau_i}{2} \exp\left(\frac{8J_z S^2}{k_B T}\right) \tag{6.5}$$

で表すことができる．ここで，τ_i はスピン間に相関がないときのスピン固有の緩和時間，$8J_zS^2$ は Ising 無限鎖におけるスピン反転に必要なエネルギーである．また，個々のスピンの緩和時間を考慮した次式を用いる場合もある．

$$\tau = \tau_i \exp\left(\frac{8J_zS^2 + |D|S^2}{k_BT}\right) \tag{6.6}$$

強磁性的相互作用をもつ一次元鎖においては絶対零度でスピンはすべて揃うが，有限温度ではスピンが揃った磁区が一次元鎖内を移動する．磁区は磁気相関長（2ξ）をもち，温度の低下とともに指数関数的に長くなる．

$$\xi(T) \cong \frac{La}{2} \exp\left(\frac{8J_zS^2}{k_BT}\right) \tag{6.7}$$

ここで，a はスピン間の距離である．実際の化合物は構造欠陥などにより有限の長さ（有限鎖長 L）をもち，Glauber モデルで緩和時間は相関長 ξ で表すことができる．

$$\tau = 2\tau_i \left(\frac{\xi(T)}{La}\right)^2 \tag{6.8}$$

すなわち，温度低下とともに磁区と緩和時間が長くなることで超常磁性現象を示すことになる．

┌─ **メモ** ─────────────────────────────

分子磁性冷媒

極低温での物性実験には冷媒が必要である．4.2 K までは液体 He を使い，それ以下の温度は液体 He の蒸発潜熱を用い 1.8 K まで冷却することができ，液化 ^{3}H を液化 ^{4}He で希釈する際の希釈熱を利用し 10 mK まで冷却すること

ができる．さらに低い温度域では断熱消磁法を用いる．ゼロ磁場下では常磁性体のスピンは無配向で磁化はゼロであるが，磁場印加によりスピンが配向することでエントロピーは小さくなる．磁気エントロピー（S）は $g\mu_B H/k_B T$ が十分小さいと次式で表せる．

$$S = R\left\{log(2J+1) - \frac{CH^2}{2T^2}\right\}$$

断熱状態で磁場の強さを変えてもエントロピー変化はゼロであるから，磁場は温度に比例することになる．

$$\frac{H}{T} = \text{constant}$$

強磁場で常磁性体のスピンを揃えた後，断熱状態で磁場を小さくすると磁化は小さくなり，磁場に比例して温度は低下する．セシウムマグネシウム硝酸塩などの常磁性塩を用いた断熱消磁では温度 10^{-3} K まで，核スピンの断熱消磁により 10^{-4} K まで冷却することができる．Winpenny らは Co(II) と Ln(III) イオンからなる単分子磁石について分子磁気熱量効果を確認した[1]．

【参考文献】

[1] Y.-Z. Zheng, M. Evangelisti, F. Tuna, R. E. P. Winpenny ： *J. Am. Chem. Soc.*, **134**, 1057 （2012）

6.3　双安定性

　双安定性はある物理条件下で物質が複数の電子状態あるいは相をもつ性質をいう．双安定性物質は温度，電場，磁場に対し磁気モーメント・電気抵抗あるいは誘電率がヒステリシスを伴う変化を示す（図 6.16）．このような双安定性物質は光，圧力，電場，磁場などの

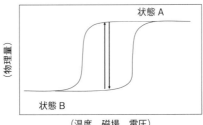

図 6.16 双安定性物質のヒステリシス. 矢印は外場による状態変換を示す.

外場で電子状態をスイッチすることができるため次世代分子デバイス素子として注目されている. 双安定性における状態変換にはスピンクロスオーバーにおけるスピン転移, 電子移動による価数変換, 金属-絶縁体転移, 結晶-非晶質などの相転移などが有効である.

状態変換を熱力学的に考察する. 状態 A から状態 B への状態変換にともなうギブス自由エネルギー変化 $(\Delta G = G_\mathrm{A} - G_\mathrm{B})$ はエンタルピー変化 $\Delta H\,(= H_\mathrm{A} - H_\mathrm{B})$ とエントロピー変化 $\Delta S\,(= S_\mathrm{A} - S_\mathrm{B})$ で表すことができる.

$$\Delta G = \Delta H - T \Delta S \tag{6.9}$$

平衡状態では $\Delta G = 0$ であるから転移温度は $T_c = \Delta H / \Delta S$ である. T_c と ΔS は正の値であるから, ΔH は正の値を持つ. 状態 A から状態 B への変化が起こるには, 状態 B のエンタルピーが状態 A より低い必要がある. T_c 以下ではエンタルピー項が支配的 $(\Delta G > 0)$ で状態 B が安定化し, 高温領域ではエントロピー項が支配的 $(\Delta G < 0)$ になり状態 A が安定化する. ここで, 状態 A と状態 B が混じるエントロピーを S_mix とすると, ギブス自由エネルギーは

$$G = xG_A + (1 - x)G_B - TS_\mathrm{mix} \tag{6.10}$$

$$S_{\mathrm{mix}} = -R\left[x\ln(x) + (1-x)\ln(1-x)\right] \tag{6.11}$$

である. x は状態 A のモル分率, R は気体定数（$= Nk$）である. S_{mix} は $x = 0.5$ で最大値をとり, $x = 0$ と 1 でゼロになる. 平衡状態では

$$\left(\frac{\partial G}{\partial x}\right)_{T,P} = 0 \tag{6.12}$$

であるから, 状態 A のモル分率は

$$ln\left(\frac{1-x}{x}\right) = \frac{\Delta G}{RT} = \frac{\Delta H}{RT} - \frac{\Delta S}{R} \tag{6.13}$$

$$x = \frac{1}{1 + \exp\left[(\Delta H/R)(1/T - 1/T_c)\right]} \tag{6.14}$$

となる. $T_c = 150$ K とし ΔH を変えたときの状態 A のモル分率 (x) の温度変化を図 6.17a に示す. 図からわかるように状態変化はエンタルピー変化（構造変化）が大きいほど急峻になる.

このモデルは分子間相互作用が無視できる溶液中での分子の状態変化に対しては適当であるが, 固体では分子間相互作用を取り入れたモデルが必要になる. 分子間相互作用を考慮した徂徠らのドメインモデル [22] では, 個々の分子が独立に変化するのではなくドメインをつくる n 個の分子が協同的（cooperative phenomenon）に状態変化する. このとき S_{mix} と状態 A のモル分率 (x) は次式で与えられる.

$$S_{\mathrm{mix}} = -(R/n)\left[x\ln(x) + (1-x)\ln(1-x)\right] \tag{6.15}$$

$$x = \frac{1}{1 + \exp\left[(n\Delta H/R)(1/T - 1/T_c)\right]} \tag{6.16}$$

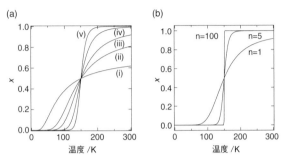

図 6.17 状態 A のモル分率 x の温度変化. (a)分子間相互作用をゼロとした場合. $\Delta H (\mathrm{cm}^{1})$ は (i) 100, (ii) 300, (iii) 500, (iv) 1000, (v) 10000. (b)ドメインモデル. $T_\mathrm{c} = 150\ \mathrm{K}$ および $\Delta H = 500\ \mathrm{cm}^{-1}$ として計算.

ドメインモデルを用いた x-T プロットを図 6.17b に示す. 状態変化は n が小さいと広い温度領域で (徐々に), n が大きくなると狭い温度領域で (急峻に) 起こる.

メモ

ドメインサイズ (n) は熱容量測定により決定することができる. モル定圧比熱 (C_p) は次式で与えられる.

$$C_p = \frac{\partial H}{\partial T} = \frac{\partial\left[(1-x)H_B + xH_A\right]}{\partial T}$$

$$= (1-x)C_B + xC_A + \Delta H\frac{\partial x}{\partial T}$$

$$= C_B + \frac{C_B - C_A}{1 + A} + \frac{n\Delta H^2 A}{RT^2(1+A)^2}$$

ここで, $A = \exp\left[(n\Delta H/RT)(1/T - 1/T_\mathrm{c})\right]$ である. C_p は T_c で最大値になる λ 型のピークを与える. n は熱容量の温度変化の測定により決定する.

$$C_p(T_c) = \frac{C_B(T_c) + C_A(T_c)}{2} + \frac{n\Delta H^2}{4RT_c^2}$$

$$n = \frac{4RT_c^2}{\Delta H^2} \left[C_p(T_c) - \frac{C_B(T_c) + C_A(T_c)}{2} \right]$$

$C_B(T_c)$ と $C_A(T_c)$ は低温及び高温領域の熱容量の温度変化を温度 T_c に外挿し，ΔH は λ 型ピークを積分することで求める（図）.

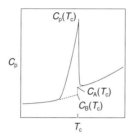

熱容量の温度変化

　ヒステリシスはギブス自由エネルギーに温度に依存しないパラメータ（γ）を導入した正則溶液モデルを用いることで再現することができる [23].

$$G = x\Delta H + \gamma x(1-x) + TR\left[x\ln(x) + (1-x)\ln(1-x) - x\Delta S\right] \tag{6.17}$$

$$\ln\left(\frac{1-x}{x}\right) = \frac{\Delta H + \gamma(1-2x)}{RT} - \frac{\Delta S}{R} \tag{6.18}$$

$\gamma > 2RT_c$ である場合に状態変化はヒステリシスを伴う．γ は電子・格子相互作用，ヤーン・テラー歪みで誘起される分子間相互作用，異なる状態の分子に働く弾性相互作用に依存したパラメータである．すなわち，双安定性には分子が複数の熱力学的に安定な状態をもち，状態変化に伴う構造変化が大きく，分子間相互作用が大きい系が適

している.

6.4 スピンクロスオーバー錯体

d^4 から d^7 の電子配置をもつ第一遷移金属イオンは配位子場の強さにより高スピン（high spin: HS）状態と低スピン（low spin: LS）状態をとる（表 6.1）. どちらのスピン状態を取るかは結晶場安定化エネルギー（Δ）とスピン対生成エネルギー（P）の大きさに依存し, 前者が大きい（$\Delta > P$）とスピン対を作り低スピン（LS）状態に, 小さい（$\Delta < P$）とフント則に従い高スピン（HS）状態になる. また, Δ と P が同程度の錯体では, 温度, 圧力, 光などにより高スピン状態から低スピン状態（あるいは低スピン状態から高スピン状態）へ変わるスピン平衡錯体あるいはスピンクロスオーバー（spin cross over: SCO）錯体になる [24]. スピン転移に伴う電子状態の変化は磁化率, メスバウアー分光法, 電子スペクトル, 振動スペクトルにより追跡することができる. スピン平衡はトリスジチオカルバマト鉄 (III) 錯体で初めて発見され [25], その後, 多くの鉄（II）, 鉄（III）, コバルト（II）錯体において SCO 現象が観測されている. 最初に合成された SCO-鉄 (II) 錯体 [Fe(phen)$_2$(NCS)$_2$]（phen = 1,10-phenanthroline）は 175 K で一次相転移を伴いスピン転移す

表 6.1　正八面体配位子場における d^n (n = 4,5,6,7) イオンの基底状態

	$\Delta > P$	$\Delta < P$
d^4	$^3T_{1g}$	^5E_g
d^5	$^2T_{2g}$	$^6A_{1g}$
d^6	$^1A_{1g}$	$^5T_{2g}$
d^7	^2E_g	$^4T_{1g}$

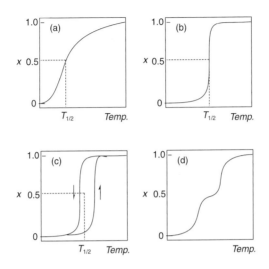

図 6.18 SCO 錯体の分類. (a)スピン平衡型. (b)スピン転移型. (c)ヒステ
リシスを伴うスピン転移. (d)スピン転移が数ステップで起こる. x
は高スピン状態のフラクション.

る [26]. N_6 配位構造を持つ SCO-鉄 (II) 錯体における配位結合距離
は低スピン状態では 1.96〜2.00 Å, 高スピン状態では 2.16 〜 2.20
Å であるが, SCO-鉄 (III) 錯体, SCO-コバルト (II) 錯体における
スピン転移に伴う配位結合距離の変化は, それぞれ 0.11〜0.15 Å,
0.09〜0.11 Å 程度と小さい. このことから, SCO-鉄 (II) は急峻な
スピン転移を示しやすいことが示唆される.

　SCO 錯体はスピン転移挙動により 4 つの型に分類される (図 6.18).

1) スピン転移が数十〜数百 K の温度範囲で起こるスピン平衡型
2) スピン転移が数 K の温度範囲で起こるスピン転移型

3) スピン転移がヒステリシスを伴う
4) スピン転移が数ステップで起こる

溶液中で起こるスピン平衡現象は分子間相互作用がまったくないため，ボルツマン分布則に従うスピン平衡型である．

6.4.1 熱と光によるスピン転移

金属錯体の高スピン（HS）状態と低スピン（LS）状態のエネルギー差（ΔG）が熱エネルギー（$\approx k_{\mathrm{B}}T$）程度の場合，熱によりスピン転移を起こすスピンクロスオーバー（SCO）錯体になる．例として，正八面体構造をもつ SCO-Fe(II) 錯体の電子状態のエネルギー準位を図 6.19 に示す．スピン転移に伴うギブス自由エネルギー変化は $\Delta G = \Delta H - T\Delta S$（式 6.9）であるから，高温領域ではエントロピーが支配的になり HS 状態が安定化する．また，スピン転移が一次反応（LS 状態 $\rightleftarrows$ HS 状態）とすると，平衡定数 K は

$$K = \exp(-\Delta G/RT) \tag{6.19}$$

と表せ，速度定数 k はアレニウスの式に従う．

$$k = A\exp(-G^*/RT) \tag{6.20}$$

ここで，A と G^*はそれぞれ頻度因子と活性化エネルギーである．

ヒステリシスを示す双安定性 SCO 錯体では，温度のみならず光によってもスピン転移が可能となる [27]．SCO-Fe(II) 錯体である $[\mathrm{Fe^{II}(ptz)_6}](\mathrm{BF_4})_2$（ptz= 1-propyltetrazole）の LS 状態（$^1A_{1\mathrm{g}}$）に，極低温で 514.5 nm（LS 状態の d-d 吸収帯）の光を照射すると，項間交差により中間スピン状態（$^3T_{1\mathrm{g}}$）を経て HS 状態（$^5T_{2\mathrm{g}}$）へスピン転移する．この状態は準安定状態であり，活性化エネルギー（G^*）

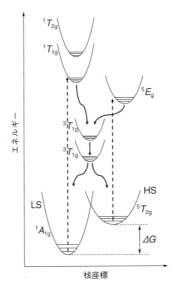

図 6.19 正八面体構造をもつ SCO-Fe(II) 錯体のエネルギー図と光誘起スピン
転移 (LIESST).

が温度に比べ十分大きいと $^1A_{1g}$ 状態に熱的に緩和せずに $^5T_{2g}$ に留
まることができる (式 6.20). さらに, この準安定状態に 820 nm の
光 (HS 状態の d-d 遷移) を照射すると, $^3T_{1g}$ を経て再び $^1A_{1g}$ 状態
に逆スピン転移する. このような光による準安定状態への遷移ある
いはスピン状態変換を light induced excited spin state trapping
(LIESST) とよび, SCO-Fe(II) 錯体および SCO-Fe (III) 錯体に
おいて観測されている.

6.4.2 SCO 錯体の電気的性質

SCO 錯体は温度, 圧力, 光, 強磁場などの外場によりスピン転移する.

このスピン状態の変化はサブピコ秒（10^{-12} 秒）で起こるため [28]，電気的刺激でスピン状態を制御することができれば高速分子メモリーや分子スイッチとして新たな応用が広がる．SCO 錯体ではスピン転移による配位構造変化により，スピン転移前後で分極率が変化することが期待される．ヒステリシス（$T_c \downarrow = 337$ K と $T_c \uparrow = 287$ K）を示す SCO-Fe(II) 錯体である [Fe^{II}(NH$_2$trz)$_3$](NO$_3$)$_2$（NH$_2$trz = 4-amino-1,2,4-triazol）はスピン転移に伴い誘電率が大きく変化する（図6.20）[29]．さらに，同じく SCO-Fe(II) 錯体である「Fe^{II}L(CN)$_2$」（L = 環状シッフ塩基五座配位子: 2,13- dimethyl-6,9-dioxa-3,12,18-triazabicyclo[12.3.1]octa-1(18),2,12,14,16-pentane）では，光誘起スピン転移（LIESST）に伴い大きな誘電率の変化を示した [30]．この SCO 錯体におけるスピン転移に伴う誘電率の変化は配位結合距離の変化により生じるので，SCO 錯体のなかでスピン転移に伴う結合距離の変化が最も大きい SCO-Fe(II) 錯体（Δd ≈ 0.3 Å）が誘電

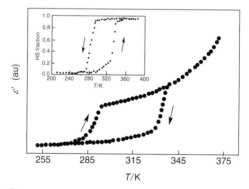

図 6.20 [Fe^{II}(NH$_2$trz)$_3$](NO$_3$)$_2$ の誘電率と高スピンフラクション（HS）の温度変化

率の変化も最も大きいと予想される.

電気伝導度については, 一次元構造をもつ SCO 錯体 $[Fe^{II}(Htrz)_2$ $(trz)](BF_4)$ (Htrz = $1H$-1,2,4-triazol) において LS 状態の電気伝導度 (10^{-8} S cm^{-1}) が HS 状態に比べ二桁ほど大きいことが報告されている [31]. 観測された電気伝導度は小さく熱活性型であることから, この電荷輸送は電子と格子歪みがともに動くポーラロンホッピングによる. すなわち, スピン転移により格子振動が変調されることで (電子-格子相互作用の大きさが変わり) LS 状態のフォノン周波数が大きくなり, 電気伝導度が増加する. なお, 電子-格子相互作用の大きさはフォノン振動数 (ω_L) に反比例し, 大きなポーラロンは電子単独より有効質量が大きく動きにくくなる.

6.4.3 三次元構造をもつ SCO 錯体と機能融合

多くの SCO 錯体は van der Waals 力などの弱い分子間相互作用をもつ分子性結晶であるが, これを共有結合などの強い結合で二次元や三次元に連結することで SCO 現象とガス吸着やバルク物性と機能融合することができる. 例として, 金属イオンの種類と配位構造の多様性から錯体配位子として広く使われているポリシアノ錯体を用いた三次元構造をもつ SCO 錯体の融合機能を紹介する.

ガス吸着で知られる活性炭は構造内部に数 nm の細孔をもつ多孔性化合物である. 金属イオンと有機架橋配位子からなる多孔性配位高分子 (porous coordination polymer: PCP) は, 金属イオンの種類と架橋配位子の組合せで内部空間のサイズや雰囲気を制御することでゲスト分子の吸蔵, 分離, 触媒や輸送などの機能をもつ [32]. 平面四配位構造をもつ錯体配位子 $[M^{II}(CN)_4]^{2-}$ (M = Ni, Pd, Pt) が $[Fe^{II}(py)_2]^{2+}$ (py = pyridine) で連結された二次元構造をもつ Hoffman 型錯体 $[Fe^{II}(py)_2M^{II}(CN)_4]$ は SCO 錯体である [33]. 大場と

Real はこの錯体の pyridine を pyrazine（pz）に変えた三次元構造を
もつ多孔性磁気双安定性 SCO 錯体 $[Fe^{II}(pz)_2Pt^{II}(CN)_4]$ が，ヨウ素
(I_2) 吸着により白金が部分酸化された $[Fe^{II}(py)_2Pt^{II/IV}(CN)_4(I_n)]$
$(n = 0.0 \sim 1.0)$ を生成し，還元的に吸着したヨウ化物イオンの含有量
とスピン転移温度に一次の相関があることを見出した（図 6.21）[34]．
空間と磁性の融合機能の発現である．

SCO 錯体で常磁性金属錯体を連結した構造体では，LIESST
によりバルク磁性を大きく変換することができる．大越らは
$[Nb^{IV}(CN)_8]^{4-}$ を SCO-Fe(II) 錯体で連結した構造体 $[Fe^{II}(py-Br)_2]_2[Nb^{IV}(CN)_8]$（py-Br = 4-bromopyridine）において光誘起
強磁性を実現した（図 6.22a）[35]．この構造体の低温相（LT）は
Nb^{IV}（$S = 1/2$）イオンと反磁性 LS-Fe^{II}（$S = 0$）イオンがシア
ン化物イオンで架橋された常磁性体である．この LT 相に LS-Fe^{II}
イオンの d-d 遷移に相当する 473 nm の光を照射すると，LIESST
(LS-Fe^{II} →HS-Fe^{II})によりスピン転移した HS-Fe^{II}（$S = 2$）と
Nb^{IV} が反強磁性的に結合したフェリ磁性相（PI-1 相）に光誘起相転
移する．さらに，PI-1 相に HS-Fe^{II} の d-d 遷移に相当する 785 nm
の光を照射することで部分的に逆スピン転移（reversed LIESST）
が起こり，飽和磁化が減少した PI-2 相に相転移する（図 6.22b）．こ
の光磁性体の興味深い点は，自然分晶で生成したキラル構造体にお
いて，第二高調波発生（second harmonic generation：SHG）と磁
化誘起第二高調波発生（magnetization induced second harmonic
generation：MSHG）が期待できる点にある．磁場下（H_0）で LT
相，PI-1 相，PI-2 相の SHG 強度を測定したところ，単なる SHG
だけでなく，結晶から出射する SH 光の偏向面が各相で垂直と水平
に光スイッチする光誘起強磁性と磁気光学効果の融合機能を示した
（図 6.22c）．

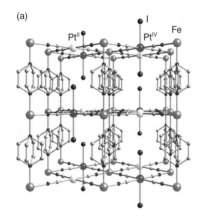

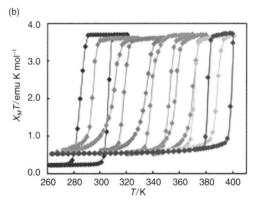

図 6.21　多孔性配位高分子錯体 [Fe^{II}(pz)$_2$Pt$^{II/IV}$(CN)$_4$(I$_n$)] の (a) 構造と (b) ヨウ
化物イオン吸着によるスピン転移挙動の変化．左から n = 0, 0.1, 0.3,
0.5, 0.7, 1.0.
口絵 3 参照.

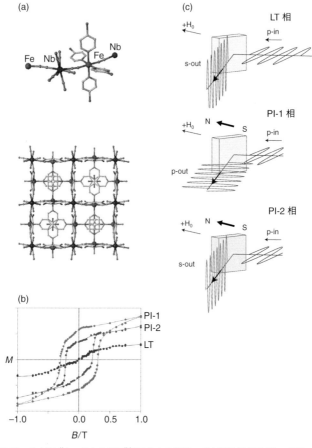

図 6.22 (a) [Fe^{II}(py-Br)$_2$]$_2$[Nb^{IV}(CN)$_8$] の構造，(b) 照射前（LT 相），473 nm の
光照射後（PI-1 相: LIESST），さらに 785 nm の光照射後（PI-2 相：
逆 LIESST）の磁化曲線，(c) 磁場下での LT 相，PI-1 相，PI-2 相に
おける SHG 光の偏光面．太い矢印は結晶の磁化容易軸.
口絵 4 参照.

6.4.4　多重双安定性 SCO 錯体

　分子内あるいは結晶中に複数の異なる双安定性部位をもつ多重双安定性物質では，光による選択的電子状態変換が可能な多重分子スイッチになる．筆者らは分子内に 2 つの双安定性部位を組み込んだ混合原子価 SCO 錯体 $[Fe_2^{II}Fe_2^{III}L_4](BF_4)_4$ において多重双安定性を実現した．20 K で反磁性状態にある $[(LS\text{-}Fe^{II})_2(LS\text{-}Fe^{III})_2]$ に，Fe^{II} イオンの MLCT 吸収帯である緑色光（532 nm）を照射すると Fe^{II} 部位のみがスピン転移した状態（$[(LS\text{-}Fe^{II})(HS\text{-}Fe^{II})(LS\text{-}Fe^{III})_2]$）へ，続けて Fe^{III} イオンの LMCT 吸収帯である赤色光（808 nm）を照射すると Fe^{III} 部位がスピン転移した状態（$[(LS\text{-}Fe^{II})(HS\text{-}Fe^{II})(LS\text{-}Fe^{III})_{1.5}(HS\text{-}Fe^{III})_{0.5}]$）へ選択的にスピン状態が変換する（図 6.23）[36]．

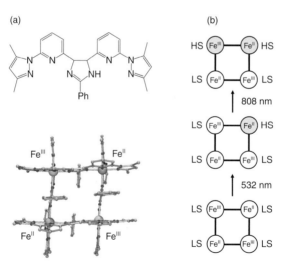

図 6.23　多重双安定性 SCO 錯体 $[Fe_2^{II}Fe_2^{III}L_4]^{4+}$ の(a)架橋配位子 L と分子構造，(b)緑色光と赤色光による選択的スピン状態変換

6.4.5　逆スピンクロスオーバー

　SCO 錯体における熱によるスピン転移は大きなエントロピー変化（エントロピー駆動）により起こる．SCO-Fe^{II}，Fe^{III}，Co^{II} 錯体のスピン転移に伴うスピンエントロピー変化（ΔS）は，それぞれ 13.4 J K^{-1} mol^{-1}，9.11 J K^{-1} mol^{-1}，5.8 J K-1 mol^{-1} であるから，スピン転移挙動が最も構造あるいは格子振動の変化の影響を受けると予想されるのは SCO-Co^{II} 錯体である．速水らは SCO 錯体の配位子に長鎖アルキル基を導入した $[Co^{II}(C16\text{-terpy})_2](BF_4)_2$ が，長鎖アルキル基のファスナー効果により比較的強い分子間相互作用をもたらし，低温域で HS 状態，高温域で LS 状態になる逆スピンクロスオーバ錯体であることを見出した（図 6.24）[37]．このような長鎖アルキル基を導入したソフトマテリアルと SCO 錯体からなる複合物質では，電場や磁場に応答する液晶材料への機能展開が期待される．

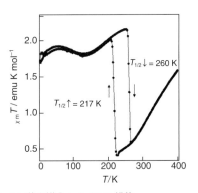

図 6.24　長鎖アルキル基を導入した SCO 錯体
　　　　$[Co^{II}(C16\text{-terpy})_2](BF_4)_2$ の逆スピンクロスオーバー挙動.

6.5　電子移動を伴うスピン状態変換

　クラス II 混合原子価錯体では金属イオン間の電子移動により
その磁性を変換することができる．例として 2 核混合原子価錯体
$[M_A^{II}M_B^{III}]$ について説明する．金属イオン間に中程度の電子的相
互作用があるクラス II 混合原子価錯体では金属イオンのフロンティ
ア軌道が混じり合うことで基底状態（Ψ_+）と励起状態（Ψ_-）がで
きる（4.8 節）．$[M_A^{II}M_B^{III}]$ 状態と $M_A^{II} \rightarrow M_B^{III}$ へ電子移動した
$[M_A^{III}M_B^{II}]$ 状態のエネルギーは二極小ポテンシャル曲線で表せ，
SCO 錯体と同じように平衡定数 $K (= [M_A^{III}M_B^{II}]/[M_A^{II}M_B^{III}])$
は ΔG により決まる（式 6.9）．クラス II 混合原子価錯体の特徴は
MMCT（metal-to-metal charge transfer）吸収あるいは IVCT
（intervalence charge transfer）吸収とよばれる金属イオン間の電
荷移動吸収（$h\nu_1$ と $h\nu_2$）にある（図 6.25）．$[M_A^{II}M_B^{III}]$ あるいは
$[M_A^{III}M_B^{II}]$ に MMCT 吸収帯の光を照射することで，光誘起電子

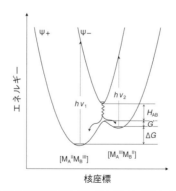

図 6.25　クラス II 混合原子価錯体 $[M_A^{II}M_B^{III}]$ のポテンシャル曲線と MMCT
吸収．

移動により 2 つの状態を相互に変換することができる．もちろん，熱的な逆電子移動（$M_B^{II} \rightarrow M_A^{III}$）を抑えるには活性化エネルギー（$G^*$）が温度に比べ十分大きい必要がある．注意する点は SCO 錯体では HS 状態と LS 状態のポテンシャル曲線は混じり合うことができず（2 つのポテンシャル曲線が交差し），混合原子価錯体では 2 つの軌道が混じることでギャップ（H_{AB}）を生じることである．

6.5.1　電子移動を伴う強磁性転移

金属イオンの組合せで二次元強磁性体になるシュウ酸架橋混合原子価錯体 $(Bu_4N)[M_A^{II}M_B^{III}(ox)_3]$ の架橋配位子をジチオシュウ酸（H_2dto = dithiooxalic acid）に換えた $[(n\text{-}C_3H_7)_4N]$ $[Fe^{II}Fe^{III}(dto)_3]$ では，鉄イオン間の電子移動により低温で強磁性が発現する（図 6.26）[38]．高温相は硫黄が配位した LS-Fe^{III}（$S = 1/2$, t_{2g}^5）と酸素が配位した HS-Fe^{II}（$S = 1/2$, $t_{2g}^4 e_g^2$）間に強磁性的相互作用が働く常磁性相である．120 K で Fe^{II} から Fe^{III} への

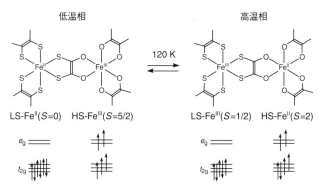

図 6.26　二次元 $[Fe^{II}Fe^{III}(dto)_3]$ 錯体の部分構造と鉄イオンの電子配置

電子移動を伴う一次相転移により LS-Fe^{II} ($S = 0$, t_{2g}^6) と HS-Fe^{III} ($S = 5/2$, $t_{2g}^3 e_g^2$) からなる強磁性体になる．ここで，低温相では LS-Fe^{II} は反磁性で HS-Fe^{III} は磁気異方性を持たないので，低温相の強磁的相互作用は LS-Fe^{II} を通した HS-Fe^{III} 間の超交換相互作用 (HS-Fe^{III}dto-LS-Fe^{II}dto-HS-Fe^{III}) ではなく配置間相互作用によると考えられる．すなわち，低温相 (LS-Fe^{II}-dto-HS-Fe^{III}) で LS-Fe^{II} から HS-Fe^{III} に逆電子移動した状態 (LS-Fe^{III}-dto-HS-Fe^{II}) は高温相の電子配置と同じであるため，配置間相互作用により低温相の電子状態に高温相の電子状態が混じることで強磁性が発現する．これはプルシアンブルー (Fe$_4^{III}$[Fe^{II}(CN)$_6$]$_3 \cdot 15$H$_2$O) における強磁性発現機構と同じである [39].

6.5.2　原子価互変異性金属錯体

　金属イオンと有機配位子間の原子価互変異性化による磁性変換の例を挙げておこう [40]．カテコールは二電子酸化によりセミキノンを経てキノンになる．カテコールあるいはセミキノンが適当な酸化還元電位をもつ金属イオンに配位すると，配位子と金属イオン間の電子移動により互変異性体をつくる．Pierpont らは Co^{III} イオンにセミキノンとカテコールが配位した [Co^{III}(3,5-DTSQ)(3,5-DTCat)(bpy)] が，溶液中で [Co^{II}(3,5-DTSQ)$_2$(bpy)] と平衡状態になる原子価互変異性体であることを見出した（図6.27）[41]．さらに Hendrickson らは類似錯体である [Co^{III}(3,5-DTSQ)(3,5-DTCat)(phen)]·toluene が 260 K で 5 K のヒステリシスを伴い互変異性化 ([LS-Co^{III}(SQ)(Cat)(phen)] $\rightleftarrows$ [HS-Co^{II}(SQ)$_2$(phen)]) する双安定性物質であることを示した [42]．この系は配位子に長鎖アルキルピリジン (C$_n$py) を導入することで

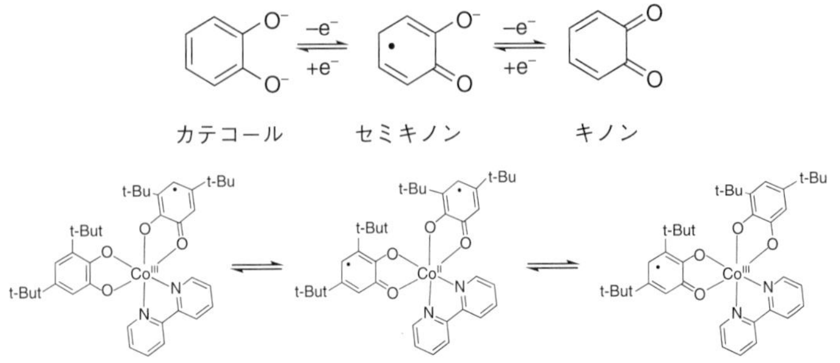

図 6.27 カテコールの二段階酸化還元過程とコバルトセミキノン錯体の互変異性

$([Co^{II}(3,6\text{-}DTSQ)_2(C_npy)_2])$，ミクロな互変異性とマクロな固液相転移が結合する新しい融合機能発現へ研究展開されている [43].

6.6 シアン化物イオン架橋混合原子価錯体における電子移動を伴う磁性変換

　クラス II に分類される混合原子価多核錯体は熱や光により金属イオン間の電子移動と金属イオンのスピン転移が協奏的に起こることがある．シアン化物イオン架橋混合原子価錯体においても CTIST（charge transfer induced spin transition）[44] あるいは ETCST（electron transfer coupled spin transition）[45] と呼ばれる同様の現象が観測される．たとえば，反磁性 $[Fe^{II}CN\text{-}Co^{III}]$ は Fe^{II} から Co^{III} への電子移動により常磁性 $[Fe^{III}\text{-}CN\text{-}Co^{II}]$ へ変換される（図 6.28）．この状態変換はエントロピー駆動であり，低温では反磁性状態が，高温では常磁性状態が安定化する．さらに，MMCT 吸収帯の光照射により 2 つの状態を相互変換することも可能である（図

LS-Fe^{II}(S=0) LS-Co^{III}(S=0)   LS-Fe^{III}(S=1/2) HS-Co^{II}(S=3/2)

図 6.28 シアン化物イオン架橋混合原子価 [Fe^{II}Co^{III}] 錯体における金属間電子移動による電子状態変化.

6.25).

1996 年，橋本らはプルシアンブルーの Fe^{II} イオンを Co^{II} イオンで置換したプルシアンブルー類塩体 K$_{0.2}$Co$_{1.4}$[Fe(CN)$_6$]·6.9H$_2$0 において光磁石を初めて報告した [44]．極低温で強磁性体であるこの化合物に MMCT（Fe^{II} →Co^{III}）吸収帯に相当する光を照射することで，部分的に残っている反磁性種 [(LS-Fe^{II})(LS-Co^{III})] を常磁性種 [(LS-Fe^{III})(HS-Co^{II})] に変換することで磁石としての性質をスイッチした.

混合原子価錯体における電子移動は，金属イオンの酸化還元電位が近く，金属イオン間に比較的強い電子的相互作用をもつ必要がある．この条件を満たすことでプルシアンブルー類縁体だけでなく孤立分子でも熱や光による電子移動に伴う磁性変換が可能になる．シアン化物イオン架橋混合原子価錯体で光誘起電子移動によりその磁気的性質を変換できる金属イオンの組合せは（[Fe^{II}($S = 0$)-CN-Co^{III}($S = 0$)] $\rightleftarrows$ [Fe^{III}($S = 1/2$)-CN-Co^{II}($S = 3/2$)]）（図 6.29）のほかに（[W^{IV}($S = 0$)-CN-Mn^{III}($S = 2$)] $\rightleftarrows$ [W^{V}($S = 1/2$)-CN-Mn^{II}($S = 5/2$)]）[46]，（[W^{IV}($S = 0$)-CN-Co^{III}($S = 0$) $\rightleftarrows$ W^{V}($S = 1/2$)-CN-Co^{II}($S = 3/2$)]）[47]，（[Mo^{IV}-CN-Cu^{II}($S = 1/2$)) $\rightleftarrows$ Mo^{V}-CN-Cu^{I}($S = 0$)]）[48] などがある.

シアン化物イオン架橋混合原子価錯体における光誘起電子移

(a) (b)

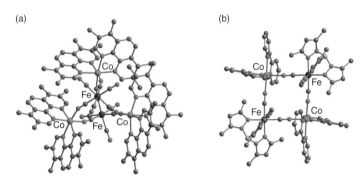

図 6.29　光誘起電子移動によるスピン状態変換を示す ETCST 錯体
　　　　(a)　[Co(tmphen)₂]₃[Fe(CN)₆]₂　(tmphen: 3,4,7,8-tetramethyl-1,10-
　　　　phenanthroline)[49]，(b)[Fe₂Co₂(CN)₆(bpy)₄(tp*)₄]²⁺ (tp*: tetra-
　　　　methylpyrazolylborate) [50]

動相転移はその効率が低いことが多い．佐藤らは大きなヒステ
リシス（$T_{c\uparrow}$ =230 K，$T_{c\downarrow}$ = 197 K）をともない相転移する
$Na_{0.36}Co_{1.32}[Fe(CN)_6]5.6H_2O$ において，パルス幅 8 ns のパル
スレーザーを用いたワンショット光照射により高効率で相転移する
ことを見出した [51]．この系は大きなヒステリシスを示すことから
電子格子相互作用が大きく，光誘起相転移は光ドミノ効果（物質内の
相互作用により 1 つの光子で多数の原子や分子の電子状態が変化す
る）により加速されている．すなわち，パルスレーザー光照射で局
所的に励起種の数が閾値を超え，マクロな相転移が引き起こされる．

┌─ **メモ** ─────────────────────

金属多核錯体における金属イオン間の電子的相互作用の大きさの評価

同核二核錯体 [$M_A M_A$] において，それぞれの金属イオンの化学的環境が同じで，2 つの金属イオン間の電子的相互作用が無視できるほど小さい場合，2 つの金属イオンはおおよそ同じ電位で酸化あるいは還元される．金属イオン間の電子的相互作用が大きくなると，下のサイクリックボルタモグラムに示すように 2 つの金属イオンは二段階（[$M_A M_A$] $\rightleftarrows$ [$M_A M_A$]$^+$ $\rightleftarrows$ [$M_A M_A$]$^{2+}$）で酸化・還元される（図）．

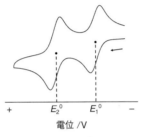

電位 /V

混合原子価二核錯体の CV

それぞれの酸化還元電位を E_1^0 と E_2^0 とすると，以下の均化反応

$$[M_A - L - M_A] + [M_A M_A]^{2+} \rightleftarrows 2[M_A M_A]^+$$

の平衡定数（均化定数：K_c）は F をファラデー定数，$\Delta E = E_1^0 - E_2^0$ とすると，

$$K_c = \exp\left(-\frac{\Delta G}{RT}\right) = \exp\left[\frac{(E_1^0 - E_2^0)}{RT}F\right]$$

$$\Delta G = -RT ln(K_c) = \Delta E F$$

となる．すなわち，酸化還元電位の差が大きいほど，金属イオン間の相互作用が

大きく，混合原子価状態は安定化する．また，Marcus 理論から電子移動速度は

$$k = A exp \left[-\frac{(\lambda + \Delta G)^2}{4\lambda k_B T} \right]$$

と表せる．ここで，A は衝突頻度因子，λ は電子移動に伴う溶媒などの再配列エネルギーである．

　また，混合原子価錯体の金属イオン間の電子的相互作用の大きさを表すパラメータ（H_{AB}）や非局在化の程度を表す定数（α）は MMCT バンドを解析することで評価できる [1]（4.8.1 項）．

$$H_{AB} = 2.05 \times 10^{-2} \frac{\sqrt{\varepsilon_{\max} \Delta \nu_{1/2} \nu_{\max}}}{r}$$

$$\alpha = \left(\frac{H_{AB}}{\nu_{\max}} \right)^2$$

ここで，$\nu_{\max}$，$\Delta \nu_{\max}$，$\varepsilon_{\max}$ は MMCT バンドの吸収極大位置（波数），半値幅，モル吸光係数である．

【参考文献】
[1] N. S. Hush : *Trans. Faraday Soc.*, **57**, 557 （1961）．

6.6.1　光誘起量子磁石

　シアン化物イオン架橋混合原子価金属錯体はゼロ次元から三次元構造まで構造次元に特有な磁性を示す．たとえば光機能と量子磁性を組み合わせることで光量子磁気メモリや光分子スピントロニクスなど新たな機能を実現できることから，フレキシブルに構造変容と機能融合できる物質群である．以下に，光誘起単分子磁石と光誘起単一次元鎖磁石の例を示す．

$$[\mathrm{Co_2}^{II}\mathrm{Fe_4}^{III}(\mathrm{bimpy})_2(\mathrm{CN})_{12}(\mathrm{pztp})_4] \text{ (bimpy: 2,6-bis(benzimid}$$

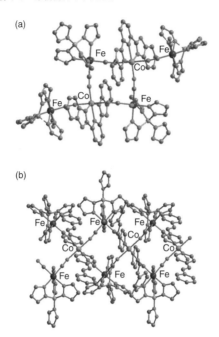

図 6.30　(a)光誘起単分子磁石 [Co$_2$Fe$_4$(bimpy)$_2$(CN)$_{12}$(pztp)$_4$] と(b)光誘起単一次元鎖磁石 [Fe(CN)$_3$(pzTp)]$_2$[Co(4-styrylpyridine)$_2$].

azol-2-yl)pyridine, pztp: tetrakis(1-pyrazolyl)borate) は，中心のシアン化物イオン架橋混合原子価四核コア（[Co$_2$^{II}Fe$_2$^{III}]）に 2 つの Fe^{III} 錯体イオンが架橋された六核構造をもつ（図 6.30a）．この六核錯体は中心四核コア（[Co$_2$^{II}Fe$_2$^{III}]）の熱誘起 ETCST により，高温域で高スピン状態（[(HS-Co$_2$^{II})(LS-Fe$_4$^{III})]），低温域では低スピン状態（[(LS-Co$_2$^{III})(LS-Fe$_2$^{II})(LS-Fe$_4$^{III})]）をもつ双安定性分子である．また，極低温で低スピン状態に MMCT（Fe^{II}→Co^{III}）吸収帯の光照射で生じる準安定高スピン状態（[(HS-Co$_2$^{II})(LS-Fe$_4$^{III})]）

は単分子磁石挙動を示す [52]. さらに, 配位子に 4-styrylpyridine を用いて得られる双安定性一次元錯体 [Fe(CN)$_3$(pzTp)]$_2$[Co(4-styrylpyridine)$_2$] は, 同じく MMCT (Fe^{II} →Co^{III}) 吸収帯の光照射により単一次元鎖磁性体となる [53] (図 6.30b).

6.6.2 電子移動による磁性と電気的性質の結合

クラス II シアン化物イオン架橋混合原子価錯体は原子価電子が一部非局在化する孤立分子であり, これを一次元に拡張することで磁性と誘電性や電気伝導性が結合した複合物性が発現する. 矩形一次元構造をもつ [Co^{II}L][Fe^{III}(CN)$_3$(tp)](BF$_4$)·H$_2$O (tp: pyrazolyl)borate, L: binaphthyl 誘導体) は, 反磁性低温相 (LT 相) ([(LS-Fe^{II})(LS-Co^{III})]) と常磁性高温相 (HT 相) ([(LS-Fe^{III})(HS-Co^{II})]) をもつ双安定性化合物である. 極低温で反磁性 LT 相に MMCT (Fe^{II} →Co^{III}) 吸収帯に相当する赤色光を照射することで光誘起単一次元鎖磁石へ光相転移する. さらに室温付近では熱誘起 ETCST により磁性と電気的性質 ([反磁性・絶縁体]⇄[常磁性・半導体]) の多重状態変換を示す [54] (図 6.31a).

対称中心をもつ分子では ETCST により [無極性]⇄[極性] 変換が可能になることがある. 直線三核錯体 [Fe^{III}(tp)(CN)$_3$]$_2$[Co^{II}(Bpi)$_4$] (Bpi=1-biphenyl-4-yl-1H-imidazole) は熱・光誘起 ETCST により [無極性 ($S = 5/2$)]⇄[極性 ($S = 1/2$)] を相互変換する複合機能を示すことが報告された [55] (図 6.31b).

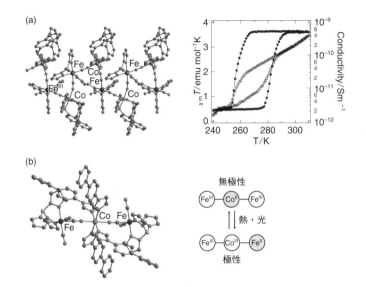

図 6.31 (a)光誘起単一次元磁石 [Fe^{III}Co^{II}] の ETCST による [反磁性・絶縁体]⇌[常磁性・半導体] 変換, (b)直線三角錯体 [Fe^{II}Co^{III}Fe^{II}] の ETCST による無極性・極性変換.

6.7 分子スピントロニクス

6.7.1 スピントロニクスの始まり

電子スピンと電子輸送が織りなす固体物性科学をスピントロニクスとよぶ. 金属や強磁性体においては電子輸送現象にスピンが関与することは古くから知られている [56]. 金属中の自由電子は磁場印加により磁場に垂直なローレンツ力で運動方向が曲がり, 電気抵抗は磁場強度の二乗に比例して大きくなる. これは伝導電子が磁場により散乱され抵抗が増すためである. ところが, 伝導電子と強い電子的

相互作用をもつスピンがあると，磁場印加により抵抗が小さくなる場合がある．これを負の磁気抵抗という．Grünberg らは強磁性金属薄膜 (Fe) と非磁性金属薄膜 (Cr) を重ねた多層膜 (Fe/Cr/Fe) において，2 つの Fe の層のスピンが Cr を介して反強磁性的に結合することで強磁性薄膜のスピンが平行と反平行では電気抵抗が大きく変化することを発見した [57]．これは強磁性層のスピンが反平行な場合，より多くの電子が散乱され電気抵抗が大きくなるためである．この実験を受け 1988 年に Fert らは外部磁場により Fe 層のスピンを平行にすることで電気抵抗値を 50% 小さくすることができる巨大磁気抵抗効果（giant magneto resistance: GMR）を実証した（図 6.32a）[58]．さらに，このような非磁性層を挟む強磁性層の片方に反強磁性体をつけた構造体 (NiFe/Cu/NiFe/FeMn) において，わずかな磁場変化で反強磁性体層に接していない強磁性層の磁化が反転し抵抗値が大きく変わるスピンバルブを実現している（図 6.32b）．スピンバルブでは，強磁性体と反強磁性体が界面で結合するため生じる磁場（交換バイアス）により，接している強磁性体と接していない強磁性体薄膜の磁気挙動が異なることが重要である．ついで，宮崎らは非磁性層に絶縁体を用いたデバイス (Fe/Al$_2$O$_3$/Fe) において絶縁体を量子的に通り抜けるトンネル電流によるトンネル磁気抵抗効果 (tunnel magnetoresistive effect: TMR) を発見した [59]．このような GMR を使った磁気ヘッドや TMR 素子をもつ磁気ヘッドセンサーなどは現在のエレクトロニクスを支える基幹技術であり，この基盤になるスピントロニクスは近未来の科学・技術で最も重要な研究分野のひとつである．

6.7.2 分子スピントロニクスの夜明け

1980 年代に始まったスピントロニクスは真空蒸着による薄膜化や

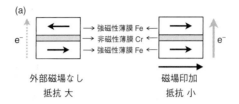

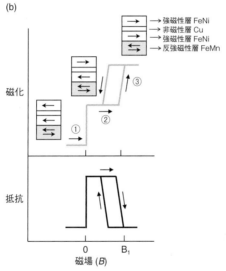

図 6.32　(a)強磁性金属薄膜(Fe)と非磁性金属薄膜(Cr)を重ねた多層膜 (Fe/Cr/Fe)構造体における巨大磁気抵抗，強磁性層のスピンが揃 うと電子は散乱を受けず抵抗は小さくなる．(b)スピンバルブの構造 と磁化と抵抗の磁場応答（① 磁場が $B < 0$ では両 Fe 層のスピンは 左を向くため（低抵抗），② $B \approx 0$ で交換バイアスにより Cr 層と接 する Fe 層のスピンは左，接していない Fe 層のスピンは右を向き（高 抵抗），③ B_1 で両 Fe 層のスピンは右を向く（低抵抗）.

電子ビームリソグラフィーなどナノ構造体デバイス技術の進歩とともに発展してきたが，21 世紀になりようやく分子をターゲットとした分子スピントロニクス（molecular spintronics）が始動した．分子の優位性は，電子状態の高い設計性だけでなく，スピン緩和時間が比較的長く量子効果が期待できることである．分子スピントロニクスの研究は強磁性金属電極間においた有機半導体へのスピン偏極電子の注入（図 6.33a）[60] や保持力が異なる強磁性電極間に金属錯体をおいた分子スピンバルブ（図 6.33b）[61] などの実証実験に続き，希土類単分子磁石や電気伝導度が高いフタロシアニン錯体を半導体電極として用いたスピンバルブの研究に発展している [62].

　バルク有機化合物で負の磁気抵抗を示す例として菅原らの ESBN を挙げておく [63]．ESBN は酸化体が伝導体である TTF（テトラチアフルバレン）誘導体と安定有機ラジカルであるニトロニルニトロキシド（NN）を交差共役でつないだスピン分極ドナーである．一般に有機ラジカルを酸化すると反磁性カチオンになるが，ESBN は NN により TTF 誘導体部位の HOMO が不安定化し，酸化体（$[\mathrm{ESBN}^{\bullet}]^{+}$）は TTF 誘導体部位が酸化されたビラジカルになる．また，TTF と NN が交差共役でつながれるため $[\mathrm{ESBN}^{\bullet}]^{+}$ は基底三重項ラジカル（$J \approx 20\,\mathrm{K}$）である．スピン分極分子 [ESBN] を部分酸化した半導体 $[\mathrm{ESBN}]_2(\mathrm{ClO}_4)$ は，極低温（2 K）で 9T の磁場印加により電気伝導度が約 70% 小さくなる負の磁気抵抗を示した（図 6.34）.

(a)

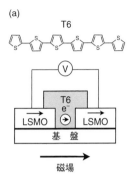

T6

磁場

(b)

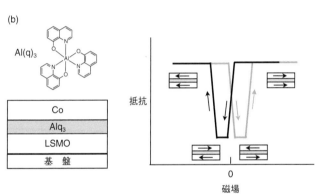

図 6.33　(a)スピン偏極電子注入：半導体(T6 = hexathiophen)を強磁性金属
　　　　(LSMO = La$_{0.67}$Sr$_{0.33}$MnO$_3$)の電極で挟み，磁場で強磁性電極のス
　　　　ピンを平行に揃えるとスピン偏極した電子が半導体を通して流れる．
　　　　(b)分子スピンバルブ：金属錯体半導体 Al(q)$_3$(q = 8-quinolinol)を
　　　　保持力が異なる強磁性金属 LSMO と Co で挟んだスピンバルブと
　　　　GMR.

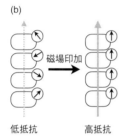

図 6.34 （a）スピン分極誘起ラジカル ESBN の基底二重項中性ラジカルと基底三重項カチオンラジカル，（b）伝導電子と局在スピンの相互作用により負の磁気抵抗を示す部分酸化体 [ESBN]₂(ClO₄)

6.7.3 SCO 錯体を用いた分子スピントロニクス

　分子スピントロニクスの次のターゲットはスピン操作と量子効果による機能の探索である．実験対象はますます小さくなり，研究には一分子操作技術，半導体超微細加工・真空蒸着薄膜や走査型トンネル顕微鏡（STM）・分光法（STS）が必須の技術となる．まず，SCO 錯体のスピン転移を用いたコンダクタンス（直流回路では電気抵抗の逆数，交流回路ではインピーダンスの逆数の実部）制御を紹介する．SCO 錯体 [Fe^{II}(trz)$_3$](BF$_4$)$_2$ (trz = triazol) はヒステリシスを伴うスピ

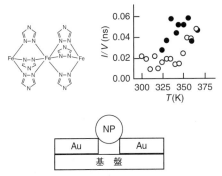

図 6.35 SCO 錯体（[Fe^{II}(trz)]）ナノ粒子 (NP) デバイスとコンダクタンスの
温度変化（● HS-Fe(II), ○ LS-Fe(II)）.

ン転移（LS⇄HS）を示す双安定性化合物である. Coronado [64] ら
は 5 nm のギャップをもつ Au 電極間に置いた [Fe^{II}(trz)$_3$](BF$_4$)$_2$
錯体ナノ粒子（粒径約 10 nm）のコンダクタンスの温度依存性を測定
し, HS-Fe(II) 錯体のコンダクタンスが LS-Fe(II) より 3 倍大きい
こと, 電場印加によりスピン転移することを明らかにした（図 6.35）.

さらに, Díez-Pérez [65] らは SP-STM (spin polarized STM, 探
針に強磁性 Ni を用いることで, 探針の磁化方向を揃えることができ
る）により SCO 錯体一分子のコンダクタンスを測定した. Au(111)
基板に蒸着した HS-Fe(II) 錯体分子（[Fe^{II}(tzpy)(NCSe)]（tzpy =
3-(2-pyridyl)[1,2,3]triazolo[1,5-a]pyridine）と LS-Fe(II) 錯体分子
のトンネル電流を測定したところ, 探針の磁化方向に依存したコン
ダクタンス（single-molecule spin-dependent transport）を観測
することができた. HS-Fe(II) 分子では β 偏極 Ni 探針のほうが α
偏極 Ni 探針より 100 倍大きいコンダクタンスを示すが, LS-Fe(II)
分子では磁化依存は観測されない. この実験結果は, HS-Fe(II) イ

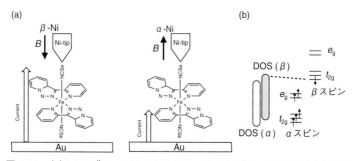

図 6.36 (a) HS [Fe^{II}(tzpy)]((NCSe)] 錯体一分子をプローブとして Ni 探針を β 偏極と α 偏極したときのトンネル電流, (b) Au 表面の DOS(α), DOS(β) と d 軌道エネルギー相関図.

オンの d 電子 (HS-Fe(II) イオンは α スピン ($t_{2g}^3 e_g^2$) 5 個と β スピン (t_{2g}^1) 1 個をもつ) のエネルギーと Au のバンドエネルギーから説明されている. すなわち, HS-Fe(II) イオンの β スピン t_{2g} 軌道が Au のフェルミ準位に近く, HS-Fe(II) イオンの β スピンが基板表面の Au 原子に β スピンを誘起するため, HS-Fe(II) 分子では β 偏極 Ni 探針の方がコンダクタンスは大きくなる (図 6.36).

┌─ メモ ──────────────────────────────

　STM (scanning tunneling microscopy) は探針と導電性試料表面が nm スケールで近づくと流れるトンネル電流 (I_t) を使い, 探針を移動させることで試料表面の原子構造を調べる. トンネル電流が測定点の状態密度に依存するため, STS (scanning tunneling spectroscopy) では微分コンダクタンス (dI_t/dV_s : V_s 探針と試料間の電圧) を V_s の関数として測定することで局所状態密度スペクトルを得ることができる.

└────────────────────────────────────

6.7.4 フタロシアニン錯体を用いた分子スピントロニクス

環状有機分子であるフタロシアニン (Pc) は様々な 2 価金属イオンと中性錯体を形成する. Pc は π 共役電子系であるため平面性が高く, 熱に対して安定であり, 電気伝導性が高いため分子スピントロニクスの研究に適した分子である. 電子スピンが金属の電気伝導に影響を与える例として近藤効果がある. 近藤効果は分子でも観測できるであろうか. Zhao [66] らは STM/STS により $Co^{II}Pc$ 分子の近藤効果を観測した. Au(111) 表面に高真空蒸着した $Co^{II}Pc$ をSTM 探針のパルス電圧で Pc のベンゼン環の水素原子を解離し, 分子の電子状態を変化させることでフェルミ準位近傍に近藤共鳴ピークが発現する. 分子操作により電子状態やスピン状態を操作し, それを近藤共鳴の変化として捉えた (図 6.37).

ランタノイドイオンが 2 つのフタロシアニンにサンドイッチされた分子をダブルデッカー型フタロシアニン ($Ln^{III}Pc_2$) とよび, 希土類イオンが一軸性磁気異方性をもつ $Ln^{III}Pc_2$ は SMM 挙動を示す [67]. 山下らは $Tb^{III}Pc_2$ において初めて SMM の近藤効果を観

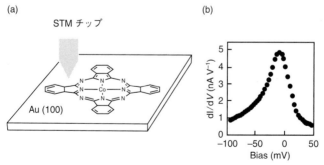

図 6.37　Au(100)面に蒸着した $Co^{II}Pc$ とそのフェルミ近傍の近藤共鳴ピーク.

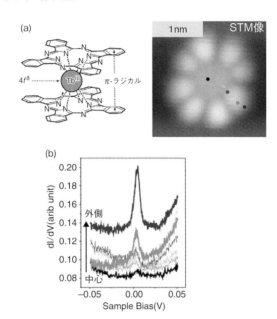

図 6.38 TbPc$_2$ の構造と STM イメージ，（b）Pc 分子表面の STS. Pc の外側ほど大きな近藤共鳴ピークを観測.
[68（b）] M. Yamashita: *Bull. Jpn. Soc. Coord. Chem.*, **65**, 2（2015）より.
口絵 5 参照.

測した [68]. 中性分子である Tb^{III}Pc$_2$ では Pc$_2$ がアニオンラジカルになり，Au 基板上の Tb^{III}Pc$_2$ では基板に対して上側の Pc 上にスピンが局在化している. Tb^{III}Pc$_2$ 分子の STS を測定すると，近藤共鳴ピークは Tb(III) イオンがある中央部分でなく，探針が Pc 端に移動するとともに鋭いピークを与える（図 6.38）. これは，トンネル電子がフタロシアニン上の π ラジカルと近藤一重項を作るためである.

メモ

近藤効果

　金属の電気抵抗は温度が下がると格子振動による伝導電子の散乱が抑えられ T^5 に比例して小さくなる．一方，微量常磁性不純物を含む金属の電気抵抗は温度の低下に伴い小さくなるが，ある温度（近藤温度 T_k）以下で大きくなる．これを近藤効果とよぶ．近藤効果は T_k 以下で伝導電子スピンが磁性不純物の電子スピンを遮蔽することで一重項状態（近藤共鳴状態）が生じ，フェルミ準位近傍に鋭い状態密度のピークが現れる．STS を測定すると試料と探針間の電位差 V_s = 0，つまりフェルミ準位にゼロバイアス異常（コンダクタンスの増加）が現れる．当初はバルク化合物を中心に行われた近藤効果の研究は，半導体微細加工技術や STS により分子スピントロニクスへと展開している．

　SMM はスピン副準位が交差する磁場で量子トンネルによりスピン反転する（QTM: quantum tunneling of the magnetization）（図 6.12）．M. Ruben [69] らは SMM である TbPc$_2$ を一分子組み込んだ分子スピントランジスタ（FET）を用い，量子物理現象である QTM を電子輸送シグナルとして取り出した（図 6.39a）．[TbPc$_2$] は全角運動量（$J = 6$）と核スピン（$I = 3/2$）をもち，その基底状態は全運動量の z 軸成分（$J_z = \pm 6$）と核スピン（$m_I = \pm 3/2, \pm 1/2$）が結合（hyperfine coupling）することで 8 つの副準位をもつ．磁場を印加するとゼーマン分裂により副準位が交差する磁場でスピンが反転し，それに伴いコンダクタンスが変化する（図 6.39b）．

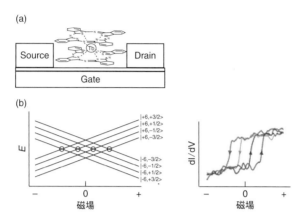

図 6.39 （a）TbPc2 単一分子トランジスタ： Gate 電圧により Source-Drain
間の電流を計測する．（b）Tb^{3+} イオンのゼーマン分裂の様子と dI/dV
磁場プロット．副準位が交差する磁場（○印）での QTM をコンダク
タンス信号として取り出す．矢印は磁場掃引方向． [69] R. Vincent
et al.: *Nature*, **358**, 488（2012）より．

6.8 有機化合物の磁性

6.8.1 安定有機ラジカル

　閉殻構造をもつ有機分子に比べ，不対電子をもつ有機ラジカルは反
応性が高く不安定である．しかし，不安定なラジカルもかさ高い置換
基を導入することで速度論的に安定化させたり，π共役を拡張すること
で熱力学的安定性を高めることができる．1900 年に Gomberg [70]
がかさ高い保護基をもつ比較的安定なトリフェニルメチルラジカルを
報告して以来，多くの安定有機ラジカルが合成されている（図 6.40）．
これら有機ラジカルは，それ自身あるいは金属錯体の配位子として磁
気・電子材料に使われている．

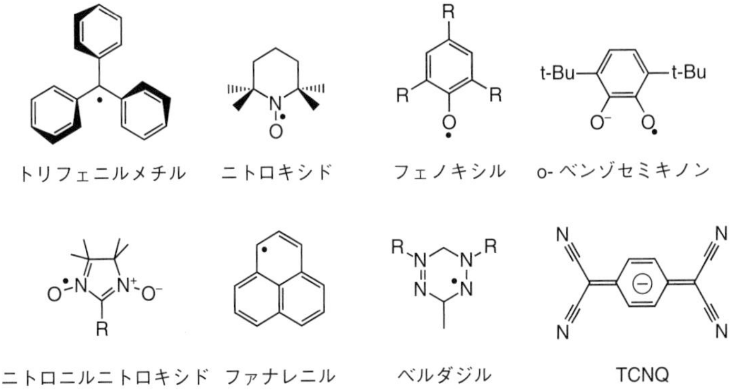

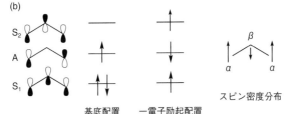

トリフェニルメチル　ニトロキシド　フェノキシル　o-ベンゾセミキノン

ニトロニルニトロキシド　ファナレニル　ベルダジル　TCNQ

図 6.40　安定有機ラジカル

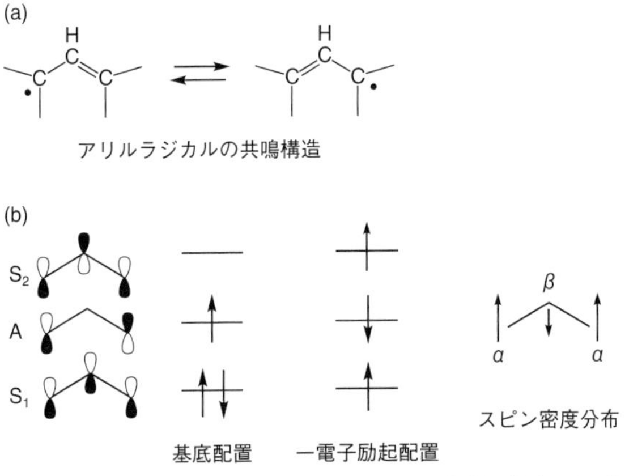

(a)

アリルラジカルの共鳴構造

(b)

S_2
A
S_1

基底配置　一電子励起配置

スピン密度分布

図 6.41　(a)アリルラジカルの共鳴構造，(b)π 分子軌道，基底および一電子励起配置とスピン分極

　π ラジカルの特徴についてアリルラジカルを例にとり説明する．
アリルラジカルは共鳴構造（図 6.41a）により両端の炭素原子は同

じ大きさのスピン密度をもつ．3 中心 3 電子系であるアリルラジカルは，対称な分子軌道（S_1 と S_2）と反対称な分子軌道（A）をもつ．基底状態では反対称な軌道に不対電子があることから両端の炭素原子がスピン密度をもつことがわかる．より正確なアリルラジカルの電子状態は基底配置と一電子励起配置の線形結合で表すことができ，後者の寄与は小さいが両端の炭素原子に α スピン，中心の炭素原子に β スピンがスピン分極する（図 6.41b）．

6.8.2 基底高スピン有機ラジカル

スピンを平行に揃えるには，磁気軌道の重なり積分（S_{ab}）を小さく交換積分（K_{ab}）が大きくなるようにスピンを配列すればよい．すなわち，縮退あるいは擬似的に縮退した磁気軌道のスピンはフント則により平行に揃う．擬似的に縮退した磁気軌道をもつ例として，ジフェニルカルベンがある．一中心ビラジカルであるジフェニルカルベンは 2 価の炭素原子の π（p_z）軌道と σ（sp^2）軌道に不対電子をもつ．π 軌道と σ 軌道の縮退は解けているが分裂は十分小さいのでスピンは平行になり基底三重項をもつ（図 6.42a）．

分子内でラジカルスピンを平行に揃えるには，π 共役炭化水素で交互炭化水素の縮退した非結合性軌道を用いる方法が有用である．π 共役炭化水素で炭素原子に 1 つおきに星印（*）をつけることができ

図 6.42 （a）基底三重項ジフェニルカルベンの擬縮退した p 軌道，（b）交互炭化水素トリメチルメタンの縮退した軌道

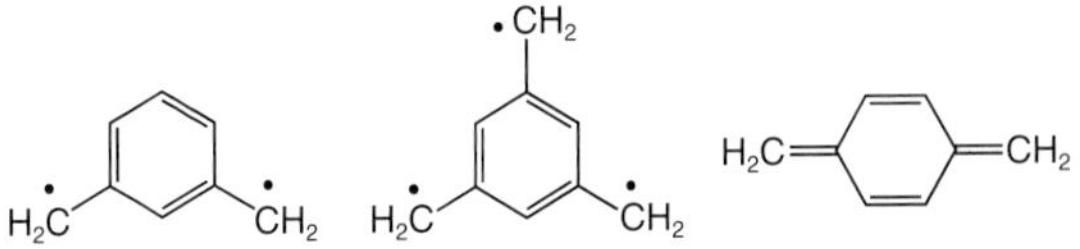

図 6.43　交差共役構造をもつ強磁性的に結合した三重項 *m*-メタキシリレンと四重項 1,3,5 トリメチレンベンゼン，一般の共役構造をもつ反磁性 *p*-キシリレン

　る交互炭化水素は，星をつけた炭素の数（n）と星がつかない炭素の数（n*）の差だけ縮退した非結合性分子軌道をもつ．非結合性軌道に 1 個ずつ収容された電子のスピンは平行に揃うので，二重縮退した非結合性軌道をもつトリメチルメタンのビラジカルは三重項ビラジカルである（図 6.42b）.

　交差 π 共役でスピンをつなぐことでもスピンを平行に揃えることができる（図 6.43）．二重結合と単結合が交互につながる交互共役に対し，交差共役は二重結合が枝分かれでつながれるため二重結合と単結合を交互に並べることができず，縮退した非結合性軌道ができる．交差共役な *m*-キシリレンは二重縮退した非結合性軌道をもち，そのビラジカルはスピン相関により基底三重項ラジカルになる．同様に交差共役で 3 つのラジカルをつないだ 1,3,5-トリメチレンベンゼンは基底四重項ラジカルである．これに対し，通常の π 共役 *p*-キシリレンのビラジカルは非結合性軌道もたずラジカル電子は対をつくり基底一重項ラジカルとなる．ベンゼン環の 1,3,5 位にトリフェニルメチルラジカルを導入したポリラジカルにおいて平均スピン量子数 $S > 5000$ も報告されている．しかし，有機ラジカルは軌道角運動量モーメントが小さいため，スピン量子数がいくら大きくても強磁性体にはなりにくい.

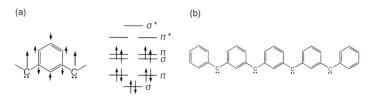

図 6.44　*m*-フェニレンブスメチレンのスピン分極と π 軌道，(b)基底九重項テトラカルベン

交差共役の *m*-キシリレンに 2 価の炭素であるカルベンを導入することで，さらに高いスピン多重度を達成することができる．樋口 [71] はメタフェニレンビス（フェニルメチレン）が二重縮退した非結合性 π 軌道と σ 軌道をもち基底五重項をもつことを理論的に予測し，伊藤 [72] はそれを実証した（図 6.44）．さらに岩村らは *m*-キシリレンで 4 つのカルベンを連結した基底九重項テトラカルベンの合成など，基底項スピンをもつ有機化合物の磁気化学を展開した [73].

6.8.3　有機ラジカル分子間の磁気的相互作用

有機ラジカルのスピン分極は分子間の磁気的相互作用においても重要である．たとえば 2 つのアリルラジカルの SOMO が重なるような二量体では（図 6.45a），新しくできる結合性軌道に二電子入ることで基底状態は一重項となる．一方，図 6.45b のような二量体では，アリルラジカルの SOMO の重なり積分はゼロであり交換積分がゼロでないため，縮退した非結合性軌道にスピンは平行に整列し基底状態は三重項となる．

McConnell [74] は共役 π ラジカル間の磁気的相互作用をスピン分極機構で説明した．スピン分極した分子間の磁気的相互作用は Heisenberg モデルで表すことができる．

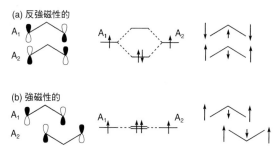

図 6.45 アリルラジカル二量体の分子軌道とスピン分極機構による磁気的相互作用の解釈

$$\mathcal{H}_{\mathrm{AB}} = -2\sum_{ij} J_{ij}^{AB} \boldsymbol{S}_i^A \cdot \boldsymbol{S}_j^B = -2\boldsymbol{S}^A \cdot \boldsymbol{S}^B \sum_{ij} J_{ij}^{AB} \rho_i^A \cdot \rho_j^B$$

ここで ρ_i^A と ρ_j^B は分子 A および B の原子 i, j 上のスピン密度である．分子間の磁気的相互作用は $\rho_i^A \cdot \rho_j^B$ が負のときに強磁性的，正のときに反強磁性的になる．このように分子間の磁気的相互作用は近接原子のスピン密度の符号により決まる．

6.8.4 光励起スピン多重項

閉殻構造をもつ有機分子が光励起常磁性状態をもつことは古くから知られている [75]．芳香族炭化水素であるナフタレンやアントラセンに紫外光を照射すると，基底状態（S_0）は一重項（S_1）に光励起される．S_1 状態は無輻射遷移（熱過程）あるいはケイ光発光により基底状態に緩和するか，あるいはスピン軌道相互作用により光励起三重項状態（T_1）に項間交差する．この T_1 状態は無輻射遷移かリン光を発光することで基底状態に緩和する（図 6.46）．ここで S_1 状態の寿命は S_0 への遷移が許容であるため 10^{-9}〜10^{-7} 秒と短

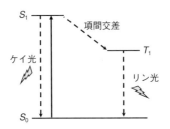

図 6.46 光の吸収と発光. 波線は無輻射遷移.

く，T_1 状態から S_0 状態への緩和は禁制遷移のため T_1 状態の寿命は $10^{-6} \sim 10^0$ 秒と比較的長い．常磁性 T_1 状態は発光スペクトルや過渡吸収スペクトルだけでなく電子スピン共鳴により観測可能であるが [76]，T_1 状態の無輻射過程による失活が強いと T_1 状態の寿命は短くなりリン光を発光しないため，通常の ESR による観測は極めて困難になる．しかし，パルスレーザーと ESR を組み合わせた時間分解 ESR やパルス ESR により短寿命光励起多重項状態や化学反応中間体の短寿命ラジカル対も可能となった [77]（5.2 節を参照）．

　このような光励起三重項状態も有機ラジカルや金属イオンなどの常磁性化学種と強い磁気的相互作用をもつことができ，その相互作用は前章で述べたスピン分極機構や磁気的軌道の直交性などの規則に従う．たとえば，2 つのイミノニトロキシドラジカルをジフェニルアントラセンでつないだパイ共役ビラジカル分子では，光照射前はビラジカル間の磁気的相互作用はほとんど無視できるほど小さい．しかし，紫外線照射により生じるジフェニエルアントラセンの光励起三重項はイミノニトロキシドビラジカルと磁気的に相互作用する．この磁気的相互作用によりジフェニルアントラセンを挟んでパラ位にあるイミノニトロキシドでは強磁性的に結合することで光励起五

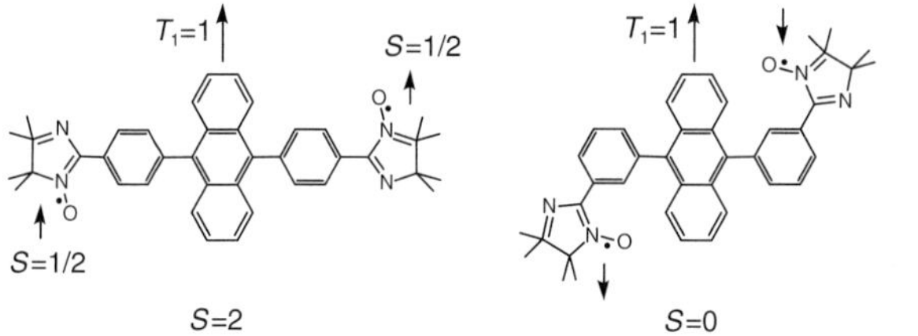

図 6.47　ジフェニルアントラセンで結合されたビラジカル分子の光励起状態.

重項を与え，メタ位にあると反強磁性的に結合する（図 6.47）[78].

文献

[1] J. S. Miller, J. C. Calabrese, H. Rommelmann, S. R. Chittipeddi, J. H. Zhang, W. M. Reiff, A. J. Epstein：*J. Am. Chem. Soc.*, **107**, 769 （1987）.

[2] C. Kollmar, M. COuty, O. Kahn：*J. Am. Chem. Soc.*, **113**, 7994 （1991）.

[3] O. Kahn, Y. Pei, M. Verdaguer, J.P. Renard, J. Sletten：*J. Am. Chem. Soc.*, **110**, 782 （1988）.

[4] A. Caneschi, D. Gatteschi, J. P. Renard, P. Rey, R. Sessoli：*Inog. Chem.*, **28**, 1976 （1989）.

[5] H. Tamaki, Z. J. Zhong, N. Matsumoto, S. Kida, M. Koikawa, N. Achiwa, Y. Hahimoto, H. Okawa：*J. Am. Chem. Soc.*, **114**, 6974 （1992）.

[6] M. Ohba, H. Okawa, N. Fukita, Y. Hashimoto：*J. Am. Chem. Soc.*, **119**, 1011, （1997）.

[7] J. F. Keggin, F. D. Miles：*Nature* (London), **137**, 577 （1936）；H.J. Buser, D. Schwarzenbach, W. Petter, A. Ludi：*Inorg. Chem.* **16**, 2704 （1977）.

[8] M. Nishino, Y. Yoshioka, K. Yamaguchi：*Chem. Phys. Lett.*, **297**, 51–59 （1998）.

[9] K. Kinoshita, P. Tuck, M. Tamura, M. Takahashi, K. Awaga, T. Inabe, Y. Maruyama：*Chem. Lett.*, **1225** （1991）.

[10] P. M. Allemand, K. C. Khemani, A. Koch, F. Wudl, K. Holczer, S. Donovan, G. Gruner, J. D. Thompson : *Science*, **253**, 301 (1991).

[11] C. M. Robertson, A. A. Leitch, K. Cvrkalj, R. W. Reed, D. J. T. Myles, P. A. Dube, R. T. Oakley : *J. Am. Chem. Soc.*, **130**, 8414 (2008) ; K. Irie, K. Shibayama, M. Mito, S. Takagi, M. Ishizuka, K. Lekin, R. T. Oakley : *Phys. Rev.*, **B99**, 014417 (2019).

[12] R. Sessoli, D. Gatteschi, A. Caneschi, M. A. Novak : *Nature*, **365**, 141 (1993).

[13] T. Lis, B. Jezowska-Trzebiatowska : *Acta Crystallogr.*, **B33**, 2112 (1980).

[14] (a) J. R. Friedman, M. P. Sarachik, J. Tejada, R. Ziolo : *Phys. Rev. lett.*, **76**, 3830 (1996). (b) N. E. Chakov, M. Soler, W. Wernsdorfer, K. A. Abboud, G. Christou : *Inorg. Chem.*, **44**, 5304 (2005).

[15] T. C. Stamatatos, K. A. Abboud, W. Wernsdorfer, G. Christou : *Angew. Chem. Int. Ed.*, **46**, 884 (2007).

[16] W.-P. Chen, J. Singleton, L. Qin, A. Camón, L. Engelhardt, F. Luis, R. E. P. Winpenny, Y.-Z. Zheng : *Nature Comm.*, **9**, 2107 (2018) .

[17] D. E. Freedman, W. H. Harman, T. D. Harris, G. J. Long, C. J. Chang, J. R. Long : *J. Am. Chem. Soc.*, **132**, 1224–1225 (2010).

[18] F.-S. Guo, B. M. Day, Y.-C. Chen, M.-L. Tong, A. Mansikkamäki, R. A. Layfield : *Science*, **362**, 1400–1403 (2018).

[19] J. Glauber : *J. Math. Phys.*, **4**, 294 (1963).

[20] A. Caneschi, D. Gatteschi, N. Lalioti, C. Sangregorio, R. Sessoli, G. Venturi, A. Vindigni, A. Rettori, M. G. Pini, M. A. Novak : *Angew. Chim. Int. Ed.*, **40**, 1760 (2001).

[21] R. Clerac, H. Miyasaka, M. Yamashita, C. Coulon : *J. Am. Chem. Soc.*, **124**, 12837 (2002).

[22] M. Sorai, S. Seki : *J. Phys. Chem. Solids*, **35**, 555 (1974).

[23] C. P. Slichter, H. G. Drickamer : *J. Chem. Phys.*, **56**, 2142 (1972) ; H. Tokoro, A. Namai, M. Yoshikiyo, R. Fujiwara, K. Chiba, S. Ohkoshi : *Sci. Rep.*, **8**, 63 (2018).

[24] P. Gutlich, H. A. Goodwin, Eds. : Spin Crossover in Transition Metal Compounds I-III,, Springer (2004).

[25] L. Cambi, A. Cagnasso : *Atti Accad. Naz. Lincei*, **13**, 809 (1931) ; L. Cambi, L. Szegö : *Ber. Dtsch, Chem. Ges.*, **64**, 259 (1931).

[26] W. A. Baker, H. M. Bobnich : *Inorg. Chem.*, *3*, 1184 (1964).

[27] S. Decurtins, P. Gütlich, C. P. Koehler, H. Spiering, A. Hauser : *Chem. Phys. Lett.*, **105**, 1 (1984) ; A. Hauser : *J. Chem. Phys.*, **94**, 2741 (1991).

[28] J. K. McCusker, K. N. Walda, R. C. Dunn, J. D. Simon, D. Magde, D. N. Hendrickson : *J. Am. Chem. Soc.*, **114**, 6912 (1992).

[29] A. Bousseksou, G. Molnár, P. Demont, J. Menegotto : *J. Mater. Chem.*, **13**, 2069 (2003).

[30] S. Bonhommeau, T. Guillon, Latévi Max Lawson Daku, P. Demont, J.-S. Costa, J.-F. Létard, G. Molnár, A. Bousseksou : *Angew. Chem. Int. Ed.*, **45**, 1625 (2006).

[31] A. Rotaru, I. Y. A. Gural ́skiy, G. Molnar, L. Salmon, P. Demont, A. Bousseksou : *Chem. Commun.*, **48**, 4163–4165 (2012).

[32] S. Kitagawa, R. Kitaura, S. Noro : *Angew. Chem. Int. Ed.*, **43**, 2334 (2004).

[33] T. Kitazawa, Y. Gomi, M. Takahashi, M. Takeda, M. Enomoto, A. Miyazaki, T. Enoki : *J. Mater. Chem.*, **6**, 119 (1996).

[34] M. Ohba, K. Yoneda, G. Agusti, M. C. Munoz, A. B. Gaspar, J. A. Real, M. Yamasaki, H. Ando, Y. Nakao, S. Sakaki, S. Kitagawa : *Angew. Chem. Int. Ed.*, **48**, 4767 & 8994 (2009).

[35] S. Ohkoshi, S. Takano, K. Imoto, M. Yoshikiyo, A. Namai, H. Tokoro : *Nature Photonics*, **8**, 65 (2014).

[36] T. Matsumoto, G. N. Newton, T. Shiga, S. Hayami, Y. Matsui, H. Okamoto, R. Kumai, Y. Murakami, H. Oshio : *Nature Commun.*, **5**, 3865/1 (2014).

[37] S. Hayami, Y. Shigeyoshi, M. Akita, K. Inoue, K. Kato, K. Osaka, M. Takata, R. Kawajiri, T. Mitani, Y. Maeda : *Angew. Chem. Int. Ed.*, **44**, 4899 (2005).

[38] N. Kojima, W. Aoki, M. Itoi, M. Seto, Y. Kobayashi, Y. Maeda : *Solid State Comm.*, **120**, 165 (2001).

[39] B. Mayoh, P. Day : *J. Chem. Soc. Dalton Trans.*, 864 (1974) ; B. Mayoh, P. Day : *J. Chem. Soc. Dalton Trans.*, 1483 (1976).

[40] D. N. Hendrickson, C. G. Pierpont: "Valence Tautomeric Transition Metal Complexes," in Topics in Current Chemistry 234 (P. Gutlich, H. A. Goodwin ed.), p. 63, Springer-Verlag, Berlin (2004).

[41] R. M. Buchanan, C. G. Pierpont：*J. Am. Chem. Soc.*, **102**, 4951 (1980).

[42] D. M. Adams, A. Dei, A. L. Rheingold, D. N. Hendrickson：*J. Am. Chem. Soc.*, **115**, 8221 (1993).

[43] D. Kiriya, K. Nakakura, S. Kitagawa, H.-C. Chang：*Chem. Comm.*, **46**, 3729 (2010).

[44] O. Sato, T. Iyoda, A. Fujishima, K. Hashimoto：*Science*, **272**, 704 (1996).

[45] G. N. Newton, M. Nihei, H. Oshio：*Eur. J. Inorg. Chem.*, 3031 (2011).

[46] C. MathoniHre, R. Podgajny, P. Guionneau, C. Labrugere, B. Sieklucka：*Chem. Mater.*, **17**, 442 (2005).

[47] N. Ozaki, H. Tokoro, Y. Hamada, A. Namai, T. Matsuda, S. Kaneko, S. Ohkoshi：*Adv. Funct. Mater.*, **22**, 2089 (2012)；Y. Arimoto, S. Ohkoshi, Z. J. Zhong, H. Seino, Y. Mizobe, K. Hashimoto：*J. Am. Chem. Soc.*, **125**, 9240 (2003).

[48] J. M. Herrera, V. Marvaud, M. Verdaguer, J. Marrot, M. Kalisz, C. Mathonire：*Angew. Chem. Int. Ed.*, **43**, 5468 (2004)：S. Ohkoshi, H. Tokoro, T. Hozumi, Y. Zhang, K. Hashimoto, C. MathoniHre, I. Bord, G. Rombaut, M. Verelst, C. Cartier dit Moulin, F. Villain：*J. Am. Chem. Soc.*, **128**, 270 (2006).

[49] C. P. Berlinguette, A. Dragulescu-Andrasi, A. Sieber, J. R. Galan-Mascaros, H.-U. Gudel, C. Achim, K. R. Dunbar：*J. Am. Chem. Soc.*, **126**, 6222 (2004).

[50] Y. Sekine, M. Nihei, H. Oshio：*Chem. Lett.*, **43**, 1029 (2014).

[51] H. W. Liu, K. Matsuda, Z. Z. Gu, K. Takahashi, A. L. Cui, R. Nakajima, A. Fujishima, O. Sato：*Phys. Rev. Lett.*, **90**, 167403 (2003).

[52] M. Nihei, Y. Okamoto, Y. Sekine, N. Hoshino, T. Shiga, I. P.-C. Liu, H. Oshio：*Angew. Chem. Int. Ed.*, **51**, 6361 (2012).

[53] T. Liu, Y. -J. Zhang, S. Kanegawa, O. Sato：*J. Am. Chem. Soc.*, **132**, 8250 (2010) , D.-P. Dong, T. Liu, S. Kanegawa, S. Kang, O. Sato, C. He, C.-Y. Duan：*Angew. Chem. Int. Ed.*, **51**, 5119 (2012).

[54] N. Hoshino, F. Iijima, G. N. Newton, N. Yoshida, T. Shiga, H. Nojiri, A. Nakao, R. Kumai, Y. Murakami, H. Oshio：*Nature Chem.*, **4**, 921 (2012).

[55] J.-X. Hu, L. Luo, X.-J. Lv, L. Liu, Q. Liu, Y.-K. Yang, C.-Y. Duan, Y. Luo, T. Liu : *Angew. Chem. Int. Ed.*, **56**, 7663 (2017).

[56] 佐藤勝昭, 日本 MRS ニュース, **19**, 1 (2007) : A. Fert, I. A. Campbell : *Phys. Rev. Lett.,* **21**, 1190 (1968).

[57] G. Binasch, P. Grünberg, F. Saurenbad, W. Zinn : *Phys. Rev. B*, **39**, 4828 (1989).

[58] M. N. Beibich, J. M. Broto, A. Fert, F. Nguyen Van Dau, F. Petroff, P. Eitenne, G. Greuzet, A. Friedrich, J. Chazelas : *Phys. Rev. Lett.*, **58**, 2710 (1991).

[59] T. Miyazaki, N. Tezuka : *J. Magn. Magn. Mat.*, **139**, L231 (1995) , J. S. Moodera, Lisa R. Kinder, Terrilyn M. Wong, R. Meservey : *Phys. Rev. Lett.*, **74**, 3273 (1995).

[60] V. Dediu, M. Murgia, F. C. Matacota, C. Taliani, S. Barbanera : *Sold State Comm.*, **122**, 181 (2002).

[61] Z. H. Xiong, D. Wu, Z. C. Vardeny, J. Shi : *Nature*, **427**, 821, (2004).

[62] S. G. Miralles, A. Bedoya-Pinto, J. J. Baldoví, W. Cañon-Mancisidor, Y. Prado, H. Prima-Garcia, A. Gaita-Ariño, G. Mínguez Espallargas, L. E. Hueso, Eugenio Coronado : *Chem. Sci.*, **9**, 199 (2018) : A. Bedoya-Pinto, S. G. Miralles, S. Velez, A. Atxabal : *Adv. Func. Mater.*, **28**, 1702099 (2017) : M. Cinchetti, A. Dediu, L. E. Hueso : *Nature Mater.*, **16**, 507 (2017).

[63] M. M. Matsushita, H. Kawakami, T. Sugawara, M. Ogata : *Phys. Rev. B*, **77**, 195208 (2008).

[64] F. Prins , M. Monrabal-Capilla, E. A. Osorio , E. Coronado, H. S. J. van der Zant : *Adv. Mater.*, **23**, 1545 (2011).

[65] A. C. Aragonés, D. Aravena, J. I. Cerdá, Z. Acís-Castillo, H. Li, J. A. Real, F. Sanz, J. Hihath, E. Ruiz, I. Díez-Pérez : *Nano Letters*, **16**, 218 (2016).

[66] A. Zhao, Q. Li, L. Chen, H. Xiang, W. Wang, S. Pan, B. Wang, X. Xiao, J. Yang, J. G. Hou, Q. Zhu : *Science*, **309**, 1542 (2004).

[67] N. Ishikawa, M. Sugita, T. Ishikawa, S. Koshihara, Y. Kaizu : *J. Am. Chem. Soc.*, **125**, 8694 (2003) : N. Ishikawa, M. Sugita, T. Ishikawa, S. Koshihara, Y. Kaizu : *J. Phys. Chem. B*, **108**, 11265 (2004).

[68] (a) K. Katho, Y. Yoshida, Y. Yamashita, H. Miyasaka, B. K. Breedlove, T. Kajiwara, S. Takaishi, N. Ishikawa, H. Isshiki, Y.-

F. Zhan, T. Komeda, M. Yamagishi, J. Takeya : *J. Am. Chem. Soc.*, **131**, 9967 (2009). (b) M. Yamashita : *Bull. Jpn. Soc. Coord. Chem.* **65**, 2 (2015).

[69] R. Vincent, S. Klyatskaya, M. Ruben, W. Wernsdorfer, F. Balestro : *Nature*, **358**, 488 (2012).

[70] M. Gomberg : *J. Am. Chem. Soc.*, **22**, 757 (1900).

[71] J. Higuchi : *J. Chem. Phys.*, **39**, 1339 (1963).

[72] K. Itoh : *Chem. Phys. Lett.*, **1**, 235 (1967)

[73] T. Sugawara, S. Bando, K. Kimura, H. Iwamura, K. Itoh : *J. Am. Chem. Soc.*, **105**, 3722 (1983).

[74] H. M. McConnell : *J. Chem. Phys.*, **39**, 1910 (1963).

[75] G. N. Lewis, M. Kasa : *J. Am. Chem. Soc.,* **66,** 2100 (1944).

[76] C. A. Hutchison, B. W. Mungam : *J. Chem. Phys.*, **29**, 952 (1958).

[77] S. S. Kim, S. I. Weissman : *J. Magn. Reson.*, **24**, 167 (1976).

[78] Y. Teki, S. Miyamoto, M. Nakatsuji, Y. Miura : *J. Am. Chem. Soc.*, **123**, 294 (2001).

今後の展望

　無機物では室温強磁性体や強磁性金属が古くから存在し，近年では強相関電子系酸化物において磁気秩序と強誘電秩序が共存するマルチフェロイックが実現し，高エネルギー電磁波や電場によりその磁性と誘電性の制御が可能になりつつある．さらに，合成法をこれまでの溶融から湿式に変えることで新しい電子相を発見し，また薄膜や量子ドットへ形状やサイズを変えることで新たな物性を開拓している．

　分子性化合物では金属イオン間や分子間の電子的・磁気的相互作用が小さいため磁気転移温度が低く，分子が脆弱であるため微細加工にも不利なことが多いが，これと引き換えに金属イオンの種類と配位子設計というツールによりほとんど無限の電子状態を創り出すことができる．本書で紹介したように，分子強磁性体の転移温度や量子磁石のブロッキング温度は 100 K を超えるようになったが，この転移点を室温付近まで上げるには新しい概念の分子設計や結晶設計が必要である．たとえば，遍歴電子とスピンが強く結合する新しい仕組みや，金属多核錯体内を自由に移動する電子がもつ軌道角運動量を使うことも有効な手段であろう．応用を目指した高い転移点をもつ物質開発も重要であるが，極低温にも新しいサイエンスが存在することを忘れてはいけない．1910 年頃，オンネスにより発見された最初の超電導体である水銀の転移点はわずか 4.2 K 程度であった．

　現在，磁性と光物性の融合機能についてはずいぶん研究が進んでいるが，果たして磁性と電気電導性，誘電性，イオン電導性が結合するとどのような物性や機能が出現するであろうか．電場でスピン状態制御できる分子スイッチ，磁場で駆動する回転方向制御された

キラル分子モーター，キラル螺旋構造をもつ電導性一次元磁石では分子ソレノイドも可能になる．また，微細加工と分子操作により電子回路に組み込んだ単一分子が機能する真の分子デバイスが実現するであろう．しかし，分子間相互作用から解放された単一分子の振る舞いはいかなるものであろうか．日々測定している分子物性はバルクの物性であり，量子計算は果たして単一分子の状態を正確に記述しているのであろうか．スピントロニクスにより単一分子の物性がつまびらかにされる日も近い．

　読者諸氏には "What's new?" の問いかけこそ新しいサイエンスを拓く原動力であり幸運をもたらしてくれることを忘れずに研究されることを期待したい．

索 引

【記号・欧字】

π 共役炭化水素 ‥‥‥‥‥‥‥‥ 158
180° パルス ‥‥‥‥‥‥‥‥‥ 89
90° パルス ‥‥‥‥‥‥‥‥‥‥ 89

Baker の式‥‥‥‥‥‥‥‥‥‥ 54
Bonner-Fisher の式 ‥‥‥‥‥ 54

CIDEP ‥‥‥‥‥‥‥‥‥‥‥ 90

Dzyaloshinsky-Moriya（DM）相互
作用‥‥‥‥‥‥‥‥‥‥‥‥ 67

FCM ‥‥‥‥‥‥‥‥‥‥‥ 102
Fisher の式 ‥‥‥‥‥‥‥‥‥ 55

Glauber モデル‥‥‥‥‥‥‥ 118

Heisenberg モデル ‥‥‥‥‥‥ 56
Heitler-London の近似 ‥‥‥‥ 56
Hoffman 型錯体 ‥‥‥‥‥‥ 129

Ising モデル ‥‥‥‥‥‥‥‥ 56
IVCT 吸収‥‥‥‥‥‥‥‥‥ 135

jj 結合‥‥‥‥‥‥‥‥‥‥‥‥ 6

Landau-Zener-Stückelberg モデル
‥‥‥‥‥‥‥‥‥‥‥‥‥ 112
Landé の g 因子 ‥‥‥‥‥‥ 14
Landé の間隔則‥‥‥‥‥‥‥‥ 9
LIESST‥‥‥‥‥‥‥‥‥‥ 127
LS 結合 ‥‥‥‥‥‥‥‥‥‥‥ 6

Marcus 理論 ‥‥‥‥‥‥‥‥ 142
MMCT 吸収‥‥‥‥‥‥‥‥ 135

QTM ‥‥‥‥‥‥‥‥‥‥‥ 155
Russell-Saunders 結合 ‥‥‥‥ 6

spin polarized STM ‥‥‥‥‥ 151
STM ‥‥‥‥‥‥‥‥‥‥‥ 152
STS ‥‥‥‥‥‥‥‥‥‥‥ 152

van Vleck の式‥‥‥‥‥‥‥ 24

Wigner-Echart の定理 ‥‥‥‥ 53

X Y モデル ‥‥‥‥‥‥‥‥‥ 56

ZFCM ‥‥‥‥‥‥‥‥‥‥ 102

【ア行】

アレニウスの式 ‥‥‥‥‥‥‥ 126
アレニウスプロット ‥‥‥‥‥ 114

位数‥‥‥‥‥‥‥‥‥‥‥‥‥ 36
異性体シフト ‥‥‥‥‥‥‥‥ 95
一次相転移 ‥‥‥‥‥‥‥‥‥ 103
一次のゼーマン効果 ‥‥‥‥ 44, 50
異方的交換相互作用 ‥‥‥‥‥‥ 66

【カ行】

回転磁場 ‥‥‥‥‥‥‥‥‥‥ 89
角度波動関数 ‥‥‥‥‥‥‥‥ 27
重なり積分 ‥‥‥‥‥‥‥‥58, 158
活性化エネルギー ‥‥‥‥‥‥ 112
可約表現 ‥‥‥‥‥‥‥‥‥‥ 37

軌道角運動量 ‥‥‥‥‥ 3, 5, 10, 27
軌道角運動量消失 ‥‥‥‥‥ 16, 43

ギブス自由エネルギー ……… 103, 120
既約表現 …………………………… 36, 37
キュリー則 ……………………………… 2
キュリー・ワイス式 ……………… 2
強磁性 …………………………………… 99
巨大磁気抵抗効果 …………………… 146

偶然直交 ……………………………… 74
クーロン積分 ………………………… 58
群論 ……………………………………… 34

結晶場安定化エネルギー ………… 39
結晶場分裂 …………………………… 31
結晶場理論 …………………………… 30
原子価互変異性化 …………………… 137
厳密直交 ……………………………… 74

交換積分 …………………………… 58, 158
交換相互作用定数 …………………… 49
交互炭化水素 ………………………… 158
交差π共役 …………………………… 159
高磁場近似 ……………………… 60, 62
高スピン型 …………………………… 39
交流磁化率 …………………………… 82
混合原子価 …………………………… 138
混合原子価錯体 ………………… 76, 135
近藤効果 …………………………… 153, 155

【サ行】

三重項機構 …………………………… 91
残留磁化 ……………………………… 102

磁化反転 ……………………………… 112
磁化容易軸 …………………………… 102
磁化率 ………………………… 1, 13, 81
時間分解 ESR ……………………… 162
磁気異方性 …………………… 65, 112

磁気異方性パラメータ …………… 87
磁気緩和 ……………………………… 82
磁気光学効果 ………………………… 130
磁気相関長 …………………………… 118
磁気双極子相互作用 ………… 64, 66
磁気ヒステリシス ………… 102, 110
磁気分極 ……………………………… 13
磁気分裂 ……………………………… 97
磁気モーメント ……………………… 1
四極分裂 ……………………………… 95
磁気量子数 ………………………… 3, 27
磁区 …………………………………… 110
指標 …………………………………… 36
指標表 ………………………………… 35
弱強磁性 ……………………………… 100
主量子数 ……………………………… 3
シュレディンガー方程式 ………… 27
昇降演算子 …………………………… 10
常磁性 …………………………… 2, 13
振電効果 ……………………………… 79

スピンオンリー値 ………… 21, 43
スピンオンリーの式 ……………… 15
スピン角運動量 ………… 3, 5, 10
スピン軌道結合 …………………… 10
スピン軌道結合定数 ……………… 9
スピンクロスオーバー ………… 124
スピン多重度 ……………………… 8
スピントロニクス ………………… 145
スピンハミルトニアン …………… 49
スピンバルブ ……………………… 146
スピン分極機構 …………………… 104
スピン分極ドナー ………………… 148
スピン量子数 ……………………… 3

正四面体場 ………………………… 41
正則溶液モデル …………………… 123

正八面体場 ································· 41
ゼーマン分裂 ··········· 17, 23, 24, 84
ゼロ磁場分裂 ····························· 59
ゼロ磁場分裂定数 ···················· 63
ゼロ磁場分裂パラメータ ········· 112

双安定性 ································· 119

【夕行】

対称操作 ···························· 34, 35
対称要素 ································· 34
多孔性配位高分子 ···················· 129
多重項分裂 ····························· 17
多重双安定性 ························· 133
単一イオン磁石 ······················· 115
単一次元鎖磁石 ······················· 117
単分子磁石 ···························· 111

超交換相互作用 ······················· 73
超微細相互作用定数 ·················· 86
直積 ···································· 38

低スピン型 ····························· 39
点群 ································ 34, 35
電子-格子相互作用 ··················· 129
電場勾配 ································· 97

動径波動関数 ························· 27
ドップラー効果 ······················· 93
ドメインモデル ······················· 121
トンネル磁気抵抗効果 ············ 146

【ナ行】

二次相転移 ···························· 104
二次のゼーマン項 ···················· 51
二次のゼーマン効果 ················· 44

二重交換相互作用 ···················· 77
二重交換パラメータ ················· 78

ネール緩和 ···························· 111

【ハ行】

パイエルス歪 ························· 46
配置間相互作用 ········· 68, 104, 137
パウリ磁性 ···························· 100
パルス EPR 法 ······················· 88
パルス ESR ·························· 162
反強磁性 ································· 99
反磁性 ······························· 2, 13
反磁性補正 ···························· 81
反跳エネルギー ······················· 92

光ドミノ効果 ························· 140
光誘起強磁性 ························· 130
光誘起単一次元鎖磁石 ············ 142
光誘起単分子磁石 ···················· 142
光誘起電子移動 ······················· 139

フェリ磁性 ···························· 99
フタロシアニン ······················· 153
ブリルアン関数 ······················· 21
プルシアンブルー類縁体 ········ 108
ブロッキング温度 ···················· 112
分子磁気熱量効果 ···················· 119
分子スピントロニクス ············ 148
分子場近似 ···························· 64
フント則 ····························· 8, 39

方位量子数 ····························· 3
飽和磁化 ································· 102
ボーア磁子 ···························· 14
ポーラロン ···························· 129
保磁力 ································· 102

ボルツマン分布 …………………… 90

【マ行】

メタ磁性 …………………………… 100
モット絶縁体 ……………… 46, 47

【ヤ行】

ヤーン・テラー効果 ……………… 45

有機強磁性体 …………………… 109
有効磁気モーメント ……………… 20

【ラ行】

ラジカル対機構 …………………… 91
らせん磁性 ……………………… 100
量子トンネル …………………… 112

付　　録

■物理定数

(SI 単位)		
Plank 定数	h	$6.6260755 \times 10^{-34}$ J s
電気素量	e	$1.60217733 \times 10^{-19}$ C
電子の質量	m	$9.1093897 \times 10^{-31}$ kg
陽子の質量	m_{p}	$1.6726231 \times 10^{-27}$ kg
アボガドロ数	N	$6.0221367 \times 10^{-23}$ mol^{-1}
気体定数	R	8.3145121 J mol^{-1}
ボルツマン定数	k	$1.3806580 \times 10^{-23}$ J K^{-1}
ボーア磁子	$\beta(\mu_{\mathrm{B}})$	$9.27401549 \times 10^{-24}$ J T^{-1}
核磁子	$\beta_{\mathrm{N}}(\mu_{\mathrm{N}})$	$5.5078647 \times 10^{-27}$ T^{-1}
(cgs 単位)		
ボルツマン定数	k	$1.3806580 \times 10^{-16}$ erg K^{-1}
		0.69503877 cm^{-1} K^{-1}
ボーア磁子	β	$9.27401549 \times 10^{-21}$ erg T^{-1}
		$4.66864374 \times 10^{-5}$ cm^{-1} G^{-1}
$N\beta^2/3k$		0.125048612 cm^3 mol^{-1}

■単位換算表

	eV	cm^{-1}	Hz
1 eV	1	8.06554×10^3	2.41799×10^{14}
1 cm^{-1}	1.23984×10^{-4}	1	2.99792×10^{10}
1 Hz	4.13567×10^{-15}	3.33564×10^{-11}	1
1 K	8.61734×10^{-5}	6.95036×10^{-1}	2.08366×10^{10}
1 T	5.78838×10^{-5}	4.66865×10^{-1}	1.39962×10^{10}
1 J	6.24151×10^{18}	5.03412×10^{22}	1.50919×10^{33}

K	T	J
1.16045×10^{4}	1.72760×10^{4}	1.60218×10^{-19}
1.43878	2.14195	1.98645×10^{-23}
4.79924×10^{-11}	7.14477×10^{-11}	6.62607×10^{-34}
1	1.48873	1.38065×10^{-23}
6.71713×10^{-1}	1	9.27401×10^{-24}
7.24296×10^{22}	1.07828×10^{23}	1

〔著者紹介〕

大塩寛紀（おおしお　ひろき）
1982年　九州大学大学院理学研究科博士課程修了
現　在　筑波大学名誉教授，大連理工大学教授，理学博士
専　門　錯体化学，分子磁性

化学の要点シリーズ　38 *Essentials in Chemistry 38*

分子磁性
Molecular Magnetism

2021年4月10日　初版1刷発行

著　者　大塩寛紀
編　集　日本化学会　©2021
発行者　南條光章
発行所　**共立出版株式会社**
　　　　［URL］www.kyoritsu-pub.co.jp
　　　　〒112-0006 東京都文京区小日向4-6-19　電話 03-3947-2511（代表）
　　　　振替口座　00110-2-57035

印　刷　藤原印刷
製　本　協栄製本
　　　　　　　　　　　　　　　　　　　　　　　　　printed in Japan

検印廃止　　　　　　　　　　　　　　　　　　一般社団法人
NDC　428.9　　　　　　　　　　　　　　　自然科学書協会
ISBN 978-4-320-04479-1　　　　　　　　　　　　会員

🧪 化学の要点シリーズ

日本化学会編【各巻：B6判・税込価格】

❶ 酸化還元反応
佐藤一彦・北村雅人著‥‥‥‥‥定価1870円

❷ メタセシス反応
森 美和子著‥‥‥‥‥‥‥‥定価1650円

❸ グリーンケミストリー 社会と化学の良い関係のために
御園生 誠著‥‥‥‥‥‥‥‥定価1870円

❹ レーザーと化学
中島信昭・八ッ橋知幸著‥‥‥‥定価1650円

❺ 電子移動
伊藤 攻著‥‥‥‥‥‥‥‥‥定価1650円

❻ 有機金属化学
垣内史敏著‥‥‥‥‥‥‥‥‥定価1870円

❼ ナノ粒子
春田正毅著‥‥‥‥‥‥‥‥‥定価1650円

❽ 有機系光記録材料の化学 色素化学と光ディスク
前田修一著‥‥‥‥‥‥‥‥‥定価1650円

❾ 電 池
金村聖志著‥‥‥‥‥‥‥‥‥定価1650円

❿ 有機機器分析 構造解析の達人を目指して
村田道雄著‥‥‥‥‥‥‥‥‥定価1650円

⓫ 層状化合物
高木克彦・高木慎介著‥‥‥‥‥定価1650円

⓬ 固体表面の濡れ性 超親水性から超撥水性まで
中島 章著‥‥‥‥‥‥‥‥‥定価1870円

⓭ 化学にとっての遺伝子操作
永島賢治・嶋田敬三著‥‥‥‥‥定価1870円

⓮ ダイヤモンド電極
栄長泰明著‥‥‥‥‥‥‥‥‥定価1870円

⓯ 無機化合物の構造を決める X線回折の原理を理解する
井本英夫著‥‥‥‥‥‥‥‥‥定価2090円

⓰ 金属界面の基礎と計測
魚崎浩平・近藤敏啓著‥‥‥‥‥定価2090円

⓱ フラーレンの化学
赤阪 健・山田道夫・前田 優・永瀬 茂著
‥‥‥‥‥‥‥‥‥‥‥‥‥定価2090円

⓲ 基礎から学ぶケミカルバイオロジー
上村大輔・袖岡幹子・阿部孝宏・闐闐孝介・
中村和彦・宮本憲二著‥‥‥‥‥定価1870円

⓳ 液 晶 基礎から最新の科学とディスプレイテクノロジーまで
竹添秀男・宮地弘一著‥‥‥‥‥定価1870円

⓴ 電子スピン共鳴分光法
大庭裕範・山内清語著‥‥‥‥‥定価2090円

㉑ エネルギー変換型光触媒
久富隆史・久保田 純・堂免一成著‥定価1870円

㉒ 固体触媒
内藤周弌著‥‥‥‥‥‥‥‥‥定価2090円

㉓ 超分子化学
木原伸浩著‥‥‥‥‥‥‥‥‥定価2090円

㉔ フッ素化合物の分解と環境化学
堀 久男著‥‥‥‥‥‥‥‥‥定価2090円

㉕ 生化学の論理 物理化学の視点
八木達彦・遠藤斗志也・神田大輔著
‥‥‥‥‥‥‥‥‥‥‥‥‥定価2090円

㉖ 天然有機分子の構築 全合成の魅力
中川昌子・有澤光弘著‥‥‥‥‥定価2090円

㉗ アルケンの合成 どのように立体制御するか
安藤香織著‥‥‥‥‥‥‥‥‥定価2090円

㉘ 半導体ナノシートの光機能
伊田進太郎著‥‥‥‥‥‥‥‥定価2090円

㉙ プラズモンの化学
上野貢生・三澤弘明著‥‥‥‥‥定価2090円

㉚ フォトクロミズム
阿部二朗・武藤克也・小林洋一著 定価2310円

㉛ X線分光 放射光の基礎から時間分解計測まで
福味恵紀・野澤俊介・足立伸一著 定価2090円

㉜ コスメティクスの化学
岡本暉公彦・前山 薫編著‥‥‥‥定価2090円

㉝ 分子配向制御
関 隆広著‥‥‥‥‥‥‥‥‥定価2090円

㉞ C–H結合活性化反応
イリエシュ ラウレアン・浅子壮美・吉田拓未著
‥‥‥‥‥‥‥‥‥‥‥‥‥定価2090円

㉟ 生物の発光と化学発光
松本正勝著‥‥‥‥‥‥‥‥‥定価2090円

㊱ 色素増感 カラーフィルムからペロブスカイト太陽電池まで
谷 忠昭著‥‥‥‥‥‥‥‥‥定価2090円

㊲ イオン液体
西川惠子・伊藤敏幸・大野弘幸著 定価2090円

㊳ 分子磁性
大塩寛紀著‥‥‥‥‥‥‥‥‥定価2090円

㊴ 時間分解赤外分光 光化学反応の瞬間を診る
恩田 健著‥‥‥‥‥‥‥‥‥定価2090円

（定価は変更される場合がございます）